KB125293

나의
프랑스식
오븐 요리

일러두기

· 재료는 4인분을 기준으로 했습니다. 특별한 경우 따로 표기했습니다.

· 1컵은 200ml, 1큰술은 15ml, 1작은술은 5ml 기준입니다.

· 조리 시간은 오븐 예열 시간을 빼고 계산했습니다.

· 요리 및 재료 명칭은 국립국어원 외래어 표기법을 기본으로 하되, 원어와 차이가 큰 경우
　본토 발음에 가깝게 적었습니다.

나의
프랑스식
오븐 요리

이선혜 지음

b.read

Intro

따뜻하고 뿌듯한 맛

30년도 더 된 이야기다. 파리 유학 시절 몇 년간 아파트에서 살았다. 오래된 건물이었는데 창가의 레이스 커튼과 인디언 핑크 컬러의 카펫, 잔잔한 꽃무늬 소파가 놓인 아늑한 분위기에 반해 이사를 결정했다. 그 사랑스러운 집 주방에 작은 오븐이 올려져 있었다. 1970년대 시절부터 해군 장교의 아내이던 어머니가 미국 부인들과 교류하며 로스트 비프, 케이크 등을 구워주셨던 터라 오븐이 낯설지는 않았다. 오븐 요리를 하나둘 해보게 된 것은 주인 아주머니 덕분이었다. 아주머니가 가까이 살아 음식도 가져다주고 무슨 날이면 가족처럼 초대도 했다. 하루는 토마토에 고기를 넣고 볶은 양념(볼로네제 소스였다!)에 반달썰기한 가지를 넣은 음식을 가져왔는데 따끈해서인지 챙겨준 마음 덕분인지 정말 맛있었다. 예쁘게 살림을 하던 여인. 빵 사러 나갈 새가 없을 때 냉동실에 둔 바게트와 캉파뉴를 오븐에 구워 '새 빵'을 만드는 것이며, 크리스마스 파티에 종 모양 푸아그라를 올려두는 것 등 그에게 살림의 지혜와 초대하고 대접하는 마음을 배웠다.

나는 요리책 없이 채소와 통닭을 이렇게 저렇게 구워가며 오븐에 익숙해졌고 친구들에게 종종 그라탱을 만들어주기도 했다. 한국에 들어와 인테리어 일을 하며 보니 오븐이 있는 집이 많았는데 대부분 수납장으로 쓰고 있어 안타까웠다. 나는 바빠서 오븐으로 요리했다. 오븐은 음식 하는 동안 지키고 서 있을 필요가 없어 좋고, 간단히 준비해 넣으면 근사한 요리로 변신해 뿌듯하다. 손님이 오면 두어 가지는 꼭 오븐으로 만들고, 지인들에게 레시피를 알려주어 '오븐의 여왕'이라는 별명도 생겼다(웃음).

나의 오븐 요리법은 전문가의 방법보다 간단하고 유연하다. 재료의 선택과 매치, 자르는 크기, 재료마다 넣는 시점 등 실패를 경험하며 찾아낸 레시피. 오래 살림하다 보니 어머니의 손맛이란 것이 어쩌면 마음을 담은 수많은 실험의 결과, 뜨거운 과학이 아닐까 싶다.

내 책꽂이에는 오래된 노트가 두 권 있다. 하나는 여행 다니면서 레스토랑에서 먹은 음식 이름과 들어간 재료를 간단히 써 놓은 것. 이 메모를 참조해 나만의 레시피를 찾는다. 또 하나는 집에 초대했던 이들의 이름과 날짜, 메뉴를 적은 노트다. 그들이 우리 집에 다시 왔을 때 겹치지 않는 메뉴를 대접하고 싶어서다. 이 낡은 노트는 어느덧 내 삶에 들어와 있다. 오븐 속에서 노릇노릇 황금빛으로 익는 음식 냄새에 내 마음도 따뜻해졌다. 나의 기록으로 어느 집에도 행복한 냄새가 풍기기를 기대한다.

2020년 12월
여수 돌산에서, 이선혜

Contents

오븐 요리가
특별해지는 팁

오븐은 어떻게 고를까?

오븐은 열원에 따라 가스 오븐과 전기 오븐으로 나눌 수 있다. 가스 오븐은 주로 가스레인지와 일체형으로 하단에 위치하고, 전기 오븐은 빌트인 또는 단독으로 원하는 위치에 설치할 수 있어 요리 동선의 편의성이 좋다. 오븐 요리에서 가장 중요한 것은 고르게 열을 전달하는 것인데 가스는 열원 자체의 균일도가 전기에 비해 다소 불안정한 면이 있다.

전기 오븐은 컨벤셔널 오븐과 컨벡션 오븐으로 나뉜다. 컨벤셔널 오븐은 아래위의 열선과 히터로 음식을 익히며 주로 저가형 미니 오븐이 해당된다. 컨벡션 오븐은 컨벤셔널 오븐에 팬을 추가한 제품이다. 광파 오븐은 원적외선 빛을 추가 열원으로 넣은 것이며, 상단에 열풍을 추가해 직화 오븐이라고 이름 붙인 제품도 있다.

오븐은 열선과 팬으로 열기를 균일하게 전달하는 것이 가장 중요하다. 그래야 조리 시간이 단축되면서 음식이 촉촉하고 균일하게 익으며 구웠을 때 색도 고르다. 용량이 같은 오븐도 완성된 음식이 조금씩 다른 것은 이런 차이 때문이다. 즉 열선의 배치와 팬의 순환력이 오븐의 성능인 셈이다. 토스터나 에어 프라이어로도 제과·제빵, 고기 로스트가 되지만 요리의 완성도에 차이가 나는 것이 그런 이유다.

처음 오븐을 산다면 복합 기능 제품보다 오븐 기능만 있는 것을 추천한다. 작동법이 단순한 것이 쓰기 좋고, 200℃ 이상 올라가는 지도 본다. 전면 유리가 투명한 제품은 요리 상태를 살펴볼 수 있어 편리하다. 또 오븐이 클수록 대체로 요리 완성도가 좋다.

오븐 요리가 달라지는 노하우

식빵으로 실험하기 내가 쓰는 오븐을 알아야 오븐 요리를 잘할 수 있다. 오븐 요리는 온도와 요리 시간으로 완성된다. 오븐 설명서나 요리책의 레시피를 기준으로 하되 우선 식빵으로 굽기 실험을 해본다. 트레이에 식빵을 깔고 구워 식빵의 구운 정도를 보면 어느 위치에 열이 많이 가는지 가늠할 수 있고, 이 '식빵 굽기 실험'을 사진 찍어두면 오븐 요리를 할 때 음식을 넣거나 두는 방향을 슬기롭게 결정할 수 있다.

오븐 요리의 분류 오븐 요리는 굽기, 소스 넣고 굽기, 반죽 넣고 굽기로 크게 나눌 수 있다. 트레이에 재료를 담아 바로 조리하는 로스팅이 기본, 다음 단계는 재료에 소스를 넣어 조리하는 그라탱, 밀가루 반죽한 틀에 필링이 들어가는 키슈와 타르트 이렇게 세 가지로 나뉜다. 이 방법을 익히면 각종 재료를 응용해 무궁무진한 오븐 요리를 만들 수 있다.

올리브 오일 바르기 뿌리채소를 껍질째 굽는 경우를 제외하고, 껍질 깎은 감자, 고구마, 당근이나 단호박 등 잘라 굽는 모든 채소, 생선, 육류도 올리브 오일을 발라 굽는다. 그러면 겉은 바삭해 오븐의 노릇한 맛을 즐길 수 있으면서도 속은 촉촉하다. 포일을 덮어 촉촉하게 익히는 방법도 있는데, 나는 노릇노릇함과 촉촉함을 동시에 즐기기 위해 올리브 오일을 발라 굽는 것을 선호한다.

종이 포일로 익는 정도 조절하기 두 가지 종류를 함께 구울 때는 종이 포일로 익는 정도를 조절한다. 예를 들어 채소는 다 익었는데 목살은 아직 노릇하게 구워지지 않을 때 종이 포일을 채소에 잠시 덮어두는 식이다. 채소를 미리 꺼내는 것보다 편리하고, 먼저 구워진 재료가 식지 않는 점도 좋다.

온도를 낮추면 시간을 늘리고 오븐의 조리 시간과 온도는 나의 일정에 맞춰 조절할 수 있다. 예를 들어 그라탱을 180℃에 30분간 익혀야 하는데 1시간 정도 다른 일을 해야한다면 150~160℃로 온도를 낮추고 시간을 늘린 후 먹기 직전에 온도를 올려 황금빛이 나게 굽는 식이다. 또 보통 설명서의 예열 온도는 200℃, 220℃로 되어 있는데 연기도 나고 뜨거워서 보통 180℃로 예열한다. 같은 온도라도 오븐에 따라 익고 굽는 정도가 달라지므로 각자의 오븐에 익숙해지는 것이 나만의 오븐 요리를 터득하는 열쇠다.

데울 때는 소스나 치즈를 남은 그라탱을 다시 데워 먹을 때는 남은 소스를 조금 넣고 치즈를 뿌려 구우면 새로 만든 그라탱처럼 된다. 양이 적을 때는 접시에 담아 치즈만 뿌려도 좋다. 채소나 육류도 재료의 즙이 우러난 오일을 끼얹어 데우면 더 맛있다.

그릇은 어떤 것을 쓸까?

사각과 타원형이 활용도가 높다 오븐 요리는 기본 사이즈가 있기 때문에 1인용 작은 사이즈보다는 폭 20~30cm 정도의 사각형이나 타원형이 두루두루 유용하다. 사각형은 라자냐, 크기가 큰 채소, 생선, 고기 등을 요리하기에 좋고, 타원형은 그라탱이나 파스타뿐 아니라 각종 채소, 닭가슴살 요리 등에 어울린다. 높이가 낮은 원형은 키슈, 타르트를 만들 때 좋고, 한 가지 더 준비한다면 1인용 라자냐 그릇이나 낮은 사각 접시를 추천한다.

스테인리스와 구리는 쿡톱에도 쓸 수 있다 오븐 요리 가운데 1차로 팬에서 굽는 레시피가 있는데 스테인리스와 구리는 쿡톱에서 조리한 후 용기를 바꾸지 않고 바로 오븐에 넣을 수 있어 편리하다. 구리 용기는 프랑스 레스토랑에서 많이 쓰는데 단시간에 열을 고르게 전달해 영양 손실이 적고, 온도 유지력도 뛰어나다.

테라코타와 옹기는 멋스럽다 테라코타는 점토로 구워 유약 처리를 하지 않은 그릇으로 건강에 좋은 슬로 쿠커이며 질박한 맛이 매력이다. 고기 파이, 피자, 빵 등을 오븐에 구워 그대로 테이블에 올려도 멋스럽다. 프랑스 남부에는 여러 가지 채소를 테라코타 그릇에 구워내는 '티앙 프로방살(tian provençal)'이라는 전통 요리도 있다. 테라코타 그릇은 오일을 발라 오븐에 구워 길들이고, 조리 전에 그릇을 물에 10분 정도 담갔다가 쓴다. 우리나라 옹기도 오븐 그릇으로 쓸 수 있다. 나는 항아리 뚜껑도 즐겨 쓴다.

꼭 필요한 도구는?

쿠킹 브러시 채소나 고기, 생선 등에 올리브 오일을 바를 때 편리하다. 브러시 대신 숟가락 뒷면으로 바르기도 브러시 작업이 더 수월하다.

치즈 그레이터 고형 치즈를 갈아 올리면 맛도 모양새도 멋스러워 치즈 전용 그레이터를 마련해두면 쓰임이 좋다.

실리콘 알뜰 주걱 소스나 필링, 베이킹 반죽을 오븐 그릇에 넣을 때 남김없이 깔끔하게 덜 수 있다. 알뜰 주걱을 쓰면 음식의 용량도 잘 맞고 설거지도 편하다.

면실 덩어리 고기를 구울 때 엮어서 둘러 묶으면 음식 모양이 예쁘게 잡힌다. 면실은 굵은 것이 사용하기가 편하다.

미니 케이크 틀 애피타이저, 쿠스쿠스, 매시트포테이토로 색다른 모양을 낼 때 유용하다. 손님 초대에 1인용으로 내기 좋다.

종이 포일 오븐 트레이 또는 케이크 틀 아래에 깔거나 익는 시간이 서로 다른 재료를 하나의 트레이에서 익힐 때 먼저 익는 것을 덮어서 온도 조절을 할 수 있다.

쿨링 랙과 실리콘 받침 케이크, 키슈, 타르트 등을 올려 식히는 굽이 있는 금속망을 쿨링 랙으로 쓴다. 오븐 요리는 식은 후 틀에서 꺼내야 쉽게 떨어지며, 빵은 트레이나 틀에 둔 채로 식히면 수분이 생기므로 쿨링 랙에 올려 식혀야 한다.

사각과 원형 두 가지를 갖추면 활용하기 좋다. 뜨거운 오븐 그릇을 올릴 때 미끄러지지 않는 실리콘 냄비 받침도 필수다.

나무 도마 쿨링 랙에서 충분히 식힌 빵이나 오븐에서 구운 고기를 나무 도마에 올려 자른 후 바로 서빙하면 편리하고 보기도 좋다.

금속 재질의 긴 집게 오븐 장갑은 두꺼워서 손의 감각이 둔해지기 때문에 오히려 불편하다. 오븐에서 오븐 그릇이나 트레이를 꺼낼 때는 집게와 면 행주를 이용하는 것이 힘을 주어 꺼내기 좋다.

빵칼 톱니형 빵칼을 이용하면 부피가 큰 빵이나 두툼한 고기를 썰 때 미끄러지지 않고 잘 썰려 음식의 모양새도 좋다.

피자 롤러와 케이크 서버 오븐에 익숙해지면 피자 만들기는 쉬워서 자주 하게 된다. 피자 롤러가 있으면 치즈가 들러붙지 않아 예쁘게 자를 수 있다. 케이크 서버는 스테인리스가 좋고, 은 제품을 준비하면 식탁이 우아해진다.

그라탱을 완성하는
두 가지 소스

나는 '오븐 요리의 꽃은 그라탱'이라고 말하곤 하는데 그 그라탱의 맛을 좌우
하는 것이 바로 소스다. 크림소스는 버터의 고소한 맛과 향이 모두를 무너뜨릴
만큼 매혹적이다. 단맛과 신맛이 어우러진 싱그러운 토마토를 올리브 오일에
볶은 토마토소스는 에너지 가득한 '태양의 맛'이라 할 수 있다.

크림소스

크림소스는 루(roux), 베샤멜(béchamel), 화이트 크림(white cream) 등으로 다양하게 부르지만 모두 버터, 밀가루, 우유로 뭉근하게 끓여낸다. 기본 재료에 생크림과 파르메산 치즈 등을 더하면 풍미가 더욱 깊고 진해진다. 크림소스는 감자, 단호박, 엔다이브, 양송이 등의 채소와 뇨키, 라비올리 등의 파스타와 특히 잘 어울린다. 또 흰 살 생선, 관자, 새우, 연어 그리고 육류로는 닭과 어울림이 좋다. 육류와 생선에는 레몬즙을 곁들인다.

밀가루·버터 2큰술씩, 실온 우유 400~500ml, 생크림 100~200ml, 파르메산 치즈(가루 또는 채 친 것) 2큰술~100ml, 소금 1/2작은술, 통후추 약간

1. 버터를 약한 불에 올려 반 정도 녹으면 밀가루를 조금씩 넣어가며 거품기로 섞는다. 우유를 조금씩 부어가며 계속 저으면서 뭉근하게 끓인다.

2. ①에 생크림과 파르메산 치즈를 넣고 5분 정도 더 졸인 후 소금, 통후추 간 것을 넣어 완성한다. 생크림과 파르메산 치즈를 생략하고 만들어도 된다.

Hint 소금은 파르메산 치즈의 양에 따라 조절한다. 크림소스가 굳으면 살짝 끓여서 붓는다. 돼지고기, 쇠고기에 크림소스를 쓸 때는 홀그레인 머스터드와 통후추를 넣고 졸이면 느끼한 맛이 잡혀 더욱 맛있다.

토마토소스

토마토소스는 채소, 육류, 생선 할 것 없이 두루 어울리는 특별한 소스다. 특히 육류나 생선을 조리하면 영양 밸런스도 좋다. 나는 한여름 흙에서 햇빛 듬뿍 받고 빨갛게 익은 토마토 한 보따리를 소스를 만들어 겨우내 쓴다. 제철 토마토가 없으면 홀토마토 캔으로 대신한다.

홀토마토 1캔(400g, 또는 작은 완숙 토마토 5개), 올리브 오일 1큰술, 소금 1/2작은술, 바질 가루 약간

1. 달군 팬을 중간 불로 줄이고 올리브 오일을 두른 후고 홀토마토만 넣고 숟가락으로 툭툭 자르면서 볶다가 캔에 남은 토마토 국물과 소금을 넣고 끓인다. 끓기 시작하면서 토마토의 단맛이 나면 바질 가루를 조금 뿌려 마무리한다.

2. 생토마토를 쓸 경우 꼭지 부분을 잘라내고 6등분해 홀토마토와 같은 방법으로 볶되 소금의 양을 조금 늘린다. 이때 토마토즙이 나올 때까지 조금 더 졸여야 맛이 좋다.

Hint 양파 1/2개와 마늘 2개를 잘게 잘라 올리브 오일에 볶다가 토마토를 넣으면 클래식 토마토소스가, 쇠고기 간 것을 넣으면 볼로네즈 소스가 된다. 이 분량의 토마토소스에 생크림 1/2컵을 넣으면 로제 소스가 된다.

오븐 요리에 유용한
두 가지 반죽

오븐 요리에 반죽이 들어가면 색다르고 근사한 요리가 완성된다. 나도 처음에는 요리 욕심은 나지만 반죽이 엄두가 안 나 동네 빵집에서 생지를 사다가 썼는데 어느 날부터 팔지 않아 만들기 시작했다. 전문가의 레시피는 과정이 복잡하고 섬세해서 이를 응용해 나만의 간단한 레시피를 찾아냈다. 반죽은 버터를 넣는 파이·타르트·키슈 반죽과 이스트를 넣는 포카치아·피자 반죽으로 크게 나뉜다. 이 두 가지 레시피를 알면 두루 응용할 수 있다.

파이·타르트·키슈 반죽

파이, 타르트, 키슈는 버터를 넣어 반죽한 바삭한 식감의 틀인 크러스트를 만들어 요리한다. 타르트나 파이 반죽은 주로 디저트에 쓴다고 생각하지만 유럽에서는 고기나 채소 요리 등 다양한 식사 메뉴에도 활용한다. 채소를 볶아 넣은 라타투이 타르트, 과일 타르트, 각종 채소 키슈, 미트 파이, 연어 파이 등 냉장고 속 재료를 활용해 무궁무진하게 응용할 수 있다.

박력분 1컵, 버터 1/2컵, 소금 1/2작은술, 얼음물 1/4컵,

1. 박력분은 체에 내리고 버터는 깍둑썰기로 자른다.

2. ①에 소금을 골고루 섞은 후 얼음물을 조금씩 부어가며 잘 치대어 반죽해 1시간 정도 냉장고에서 휴지한다. 모든 재료를 푸드 프로세서에 넣고 반죽해도 된다.

3. 도마에 밀가루를 살짝 뿌리고 반죽을 밀대로 0.3~0.4cm 두께로 밀어 틀에 올린다. 가장자리는 밀대로 밀어 깔끔하게 잘라내기도 하고, 틀 밖으로 나간 부분을 자연스럽게 모아 조금 더 높게 세우기도 하며, 안쪽으로 뚜껑처럼 덮기도 하는 등 다양하게 연출할 수 있다. 이런 연출 또한 오븐 요리의 작은 즐거움이다.

4. 포크로 바닥을 군데군데 찍어 숨구멍을 낸다. 구워지면서 반죽이 부풀거나 들뜨는 것을 방지하는 과정이다.

5. 180℃로 예열한 오븐에서 10~15분 1차로 구운 후 속재료인 필링을 채워 2차로 굽는다.

Hint 1차로 굽는 이유는 필링 재료를 처음부터 넣고 구우면 크러스트가 눅눅해지기 때문에 바삭한 식감을 내기 위해서다. 2차로 구울 때 크러스트에 달걀물을 바르기도 하는데 나는 생략하는 편이다.

피자·포카치아 반죽

포카치아와 피자는 발효 빵 중에서 만드는 과정이 간단하다. 포카치아는 1차 발효 후 올리브 오일을 듬뿍 넣어 손으로 밀어 고소하고 부드러우면서 쫄깃한 식감이 매력적이다. 포카치아 반죽을 1차 발효한 후 올리브 오일을 넣지 않고 공기를 빼두었다가 4등분해서 구우면 치아바타가 된다. 피자 반죽은 발효시켜 공기를 뺀 다음 밀가루를 뿌려가며 밀대로 밀어 굽고, 하드롤은 동그랗게 성형해 굽는다.

강력분 400g, 드라이 이스트 6g, 설탕·소금 2작은술씩, 물 300ml, 올리브 오일 3큰술

1. 미지근한 물 100ml에 이스트와 설탕을 넣고 살살 저어 거품이 보글거리면 10분 정도 둔다. 물이 너무 뜨겁거나 차면 거품이 나지 않는다.

2. 강력분을 체에 내린 후 소금을 넣고 주걱으로 살살 저은 후 미지근한 물 200ml와 ①을 붓고 잘 섞어 반죽을 치댄다. 투명 뚜껑을 덮어 1~1시간 30분 그대로 두면 2배로 부푼다.

3. 도마에 밀가루를 뿌리고 밀대로 밀어 원하는 모양을 만든다. 도톰하게 밀면 포카치아가 되고, 얇게 밀면 피자 도가 된다. 포카치아는 올리브 오일을 발라 손으로 늘려가며 모양을 잡는다.

Hint 저울에 잰 물, 밀가루 등의 양을 투명 컵에 표시해두면 매번 재지 않고 컵에 채워 양을 가늠할 수 있다. 반죽을 발효할 때 투명 유리 뚜껑을 사용하면 부푼 정도를 한눈에 볼 수 있어 편리하다.

오븐 요리를 빛내는 양념들

치즈는 원료와 제조 방식에 따라 수백 가지가 있지만 그라탱, 크림소스, 팍시 등 오븐 요리를 더 맛있게 하는 치즈가 따로 있다. 치즈는 풍미도 좋게 하고, 소금을 적게 쓰게 하며, 오븐 요리의 핵심인 노릇한 빛깔이 나게 하는 재료다. 허브와 향신료는 독특한 맛과 향, 색으로 음식들의 맛과 풍미를 살려줄 뿐 아니라 마무리 단계에서 놀라운 시각적 효과를 낸다. 허브 사용 여부에 따라 음식의 생기가 달라진다.

그라탱 소스에는 숙성 치즈, 속 재료에는 페타 치즈와 리코타 치즈

파르메산 치즈, 에멘탈 치즈, 그뤼예르 치즈가 대표적인 숙성 치즈다. 파르메산 치즈는 수분 함량이 매우 적어 단단하며 캐러멜이나 너트 향이 나는 치즈로 그라탱 크림소스에 넣거나 피자, 파스타, 그라탱의 토핑으로 많이 뿌린다. 에멘탈 치즈는 만화 <톰과 제리>에 나오는 구멍이 숭숭 뚫린 치즈다. 부드러우면서도 톡 쏘는 듯한 끝 맛과 은근한 단맛이 있어 프랑스 사람들이 그라탱이나 퐁뒤 등 뜨거운 음식에 즐겨 쓴다. 그뤼예르 치즈는 그라탱 치즈로 가장 사랑받는 치즈이기도 하고, 단백하면서 고소한 끝 맛이 나 와인 애호가들에게도 많은 사랑을 받으며 숙성 기간에 따라 가격 차가 크다. 짭짤하고 크리미한 페타 치즈와 부드러운 리코타 치즈는 파이 소나 팍시 소 등을 만들 때 주로 섞는다. 페타 치즈는 염도가 있어 우리나라 사람들이 좋아하는데 너무 짤 경우 우유나 찬물에 20~30분 담가두었다 쓴다. 모차렐라 치즈는 만인이 사랑하는 그라탱, 피자, 채소구이 등에 올려 굽는다. 프레시 모차렐라 치즈를 쓰면 더 맛있다. 카망베르나 브리 등의 소프트 치즈는 오븐에 굽는 것만으로 훌륭한 와인 안주가 된다.

생크림과 사워크림, 그릭 요구르트

우유를 넣는 레시피에 생크림을 섞거나 우유 대신 넣으면 더욱 부드럽고 진한 맛이 된다. 사워크림은 생크림을 발효시킨 것으로 생크림보다 되직하고 시큼한 맛이 나 음식 맛을 상큼하게 한다. 찍어 먹는 소스로 쓰기도 좋다. 그릭 요구르트는 사워크림보다는 맛이 부드럽고 특유의 감칠맛이 있다. 면보나 커피 여과지에 거르면 되직해져 크림치즈 질감이 난다. 이 책에 생크림, 사워크림, 그릭 요구르트를 활용한 레시피를 고루 담았다.

바질은 토마토, 딜은 생선, 타임은 밑간

특유의 상큼한 향이 매력인 바질은 토마토와 특히 잘 어울린다. 토마토소스 요리에는 바질을 매치하면 된다. 바질 페스토를 만들어두면 그릭 요구르트에 섞어 그린 페스토를 쉽게 만들 수 있다. 딜은 가늘고 부드러운 잎이 세련된 장식 효과를 내며, 생선이나 달걀 요리에 잘 어울린다. 타임은 주로 육류에 어울린다고 알려져 있는데 나는 향과 모양이 맘에 들어 채소에도 두루 애용한다. 방부 효과가 있어 음식을 보관할 때도 넣기도 한다. 파슬리는 풀 향이 강하고 부피감이 있어 음식에 생기를 더할 때 좋고, 이탤리언 파슬리는 향이 좋고 잎 모양을 살려 쓸 수 있다. 바질, 딜, 타임, 파슬리는 매번 생것으로 구하기 힘드므로 가루로 준비해 활용한다. 특히 파슬리 가루는 초록색이 선명해서 추천한다. 민트는 물에 꽂아두기만 해도 뿌리를 잘 내리고 기르기도 쉬우니 집에서 키워 쓰는 것도 좋다.

통후추와 핑크 페퍼

내가 음식 마무리에 즐겨 쓰는 것이 통후추와 핑크 페퍼다. 후추는 통후추를 그라인더로 갈아 쓰고 핑크 페퍼는 손으로 부수어 올린다. 특히 핑크 페퍼는 맵지 않고 향이 풍부하며 색깔도 매력적이다.

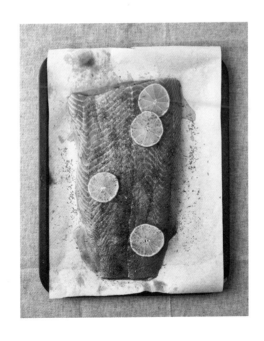

오븐 요리의 꽃
그라탱

Gruyère

PART 1

감자 그라탱

[🌡️180℃ | 🕐 60min]

감자 그라탱은 프랑스인의 국민 음식이라 할 만하다. 남동부의 도피네(Dauphiné)
지역에서 시작되었다 하여 그라탱 도피누아(gratin Dauphinois)라고 한다.
감자 그라탱을 가장 많이 먹는 알프스 인근 이제르(Isere) 지역 주민의 평균수명은
프랑스 안에서도 높은 편이라니, 감자의 영양가를 짐작할 만하다.
치즈, 크림, 우유 등의 유제품을 듬뿍 넣어 자칫 탄수화물에 치중되기 쉬운 감자의
영양 균형을 맞춰주는 만큼 감자 그라탱은 한 끼 식사로 충분하다.

Ready

감자(중간 크기) 5개, 잠봉 4장, 크림소스 2컵, 그뤼예르 치즈(또는 에멘탈 치즈) 적당량,
이탤리언 파슬리·통후추 약간씩
크림소스(생크림 2컵, 우유 1컵, 파르메산 치즈 가루 1컵, 실온 버터 1큰술, 소금 1작은술,
통후추 약간)

Cooking

1 감자는 껍질을 벗겨 0.3~0.4cm 정도 두께로 납작하게 썬다.

2 볼에 생크림, 우유, 파르메산 치즈 가루, 버터, 소금, 통후추 간 것을 골고
   루 섞어 크림소스를 만든다.

3 잠봉은 돌돌 말아서 1cm 폭으로 자른다.

4 오븐 그릇에 크림소스의 반을 먼저 담고, 잘라둔 감자와 잠봉을 번갈아
   가며 얹은 다음 나머지 크림소스를 사이사이에 올린다. 맨 위에 그뤼예
   르 치즈를 갈아 뿌린다.

5 180℃로 예열한 오븐에 1시간 정도 굽는다.

6 치즈가 노릇하게 구워지면 이탤리언 파슬리와 통후추 간 것을 뿌려 낸다.

치킨 양송이 그라탱

[🌡180℃ | 🕐 30~35min]

감자 그라탱과 치킨 그라탱은 우리가 된장찌개를 끓이듯
프랑스 가정에서 자주 해 먹는 요리다. 흔한 재료, 간단한 준비 과정에 크림소스만
만들어 오븐에 넣으면 끝. 된장찌개 만드는 정도의 시간이 걸리는 듯하다.

Ready

닭가슴살 4쪽, 양송이 8~10개, 시금치 한 줌, 방울양배추 5~6개, 크림소스 2컵(p.19 참조),
다진 파슬리 1큰술, 그뤼예르 치즈 2큰술, 레몬·라임 1/2개씩, 올리브 오일·핑크 페퍼·
소금·통후추 약간씩

Cooking

1 닭가슴살은 올리브 오일, 소금, 통후추 간 것을 약간씩 뿌려 밑간한다.
   30분 정도 두었다가 달군 팬에 중간 불로 살짝 굽는다.

2 양송이는 젖은 종이 타월로 닦은 후 슬라이스하고, 시금치는 다듬어 씻
   는다. 라임은 굵게 슬라이스한다.

3 방울양배추는 씻어서 수분이 있는 채로 두꺼운 냄비에 소금을 살짝 뿌
   려 데친다.

4 ③의 냄비에 남아 있는 온기에 ②의 시금치를 잠깐 넣어 살짝 숨을 죽인다.

5 오븐 그릇에 크림소스를 반 정도 담고, 닭가슴살을 먼저 보기 좋게 담은
   뒤 양송이, 방울양배추, 시금치를 사이사이에 얹는다.

6 ⑤에 나머지 크림소스를 올리고, 그뤼예르 치즈를 넉넉히 갈아 올려
   180℃로 예열한 오븐에 30~35분 정도 굽는다.

7 표면에 황금색이 돌면 꺼내어 통후추 간 것을 뿌리고 핑크 페퍼와 다진
   파슬리, 라임을 올린 뒤 먹기 직전에 레몬의 즙을 짜서 뿌린다.

Hint 닭고기를 팬에 구워 넣으면 모양이 반듯하게 잡힌다.

주키니롤 그라탱

[🌡180℃ | ⏱20min]

주키니와 토마토소스는 바질과 토마토만큼이나 어울림이 좋다.
주키니는 우리 애호박에 비해 수분 함량이 적고 조직이 단단해서 오븐에 구웠을 때
모양이 예쁘게 살아 있어 오븐 구이에 즐겨 쓴다.

Ready

주키니 1개, 파르메산 치즈·파슬리 가루·통후추 약간씩
소(리코타 치즈 3큰술, 파르메산 치즈 가루·다진 파슬리 1큰술씩, 소금·통후추 약간씩)
토마토소스(홀토마토 1캔(400g), 올리브 오일 1큰술, 바질 가루·소금 1/2작은술씩)

Cooking

1 주키니는 필러를 이용해 세로로 길게 슬라이스한다.

2 볼에 리코타 치즈와 파르메산 치즈 가루, 다진 파슬리, 소금, 통후추 간 것을
   넣고 골고루 섞어 소를 만든다.

3 팬을 달군 후 중간 불로 낮추고 올리브 오일을 두른다. 홀토마토 캔에서 토
   마토만 건져 넣고 숟가락으로 쿡쿡 잘라가며 살짝 볶듯이 젓다가 끓기 시
   작하면 홀토마토 국물과 바질 가루, 소금을 넣는다. 다시 끓기 시작하면
   4~5분 정도 살짝 졸인다.

4 ①의 주키니를 길게 펴고 ②의 소를 1/2큰술 정도씩 떠 얹어 돌돌 만다.

5 오븐 그릇에 ③의 토마토소스를 담고 위에 ④의 주키니롤을 올린다.

6 180℃로 예열한 오븐에 20분 정도 구운 후 파르메산 치즈와 통후추를 갈아
   뿌리고, 파슬리 가루를 뿌린다.

Hint 필러로 슬라이스하다가 고르지 않게 잘린 주키니는 2장을 겹쳐 말아도 된다.

프랑스식 달걀찜, 대파 키슈

[🌡180℃ | ⏱30min]

프랑스에서는 한국의 대파와 비슷한 리크(leek)로 키슈를 만든다.
리크는 대파보다 굵고, 맛과 식감이 순하다. 그런데 대파도 리크처럼 오일을 발라
구우면 매운맛이 약해지고 식감이 부드러워 훨씬 맛있어진다. 구운 대파와 크림
그리고 치즈의 맛의 조합도 참 매력적이다. 프랑스에서는 근대 이파리도 그라탱에
이용하곤 한다. 국만 끓이던 근대를 그라탱으로 만들면 별미다.

Ready

대파 5~6개, 적양파 1/4개, 달걀 2개, 크림소스 2컵(p.19 참조), 슬라이스 햄 3~4장,
완두콩 2~3큰술, 파르메산 치즈 적당량, 올리브 오일·핑크 페퍼·통후추 약간씩

Cooking

1 대파는 다듬어 씻은 후 8cm 길이로 자르고, 굵은 부분은 세로로 반 가른다.

2 손질한 대파에 올리브 오일을 살짝 발라 달군 팬에 중간 불로 노릇하게
  굽는다.

3 햄은 채 썰고, 적양파는 둥근 모양이 되도록 채 썬다.

4 크림소스에 달걀을 넣고 잘 섞는다.

5 오븐 그릇에 크림소스 용량의 반을 담고 구운 대파를 올린 뒤 그 위에 햄
  과 적양파를 뿌린 다음 나머지 크림소스를 담는다.

6 ⑤ 위에 완두콩을 보기 좋게 올리고 파르메산 치즈를 넉넉히 갈아 뿌린다.

7 180℃로 예열한 오븐에 30분 정도 구워 노릇노릇해지면 핑크 페퍼와 통
  후추 간 것을 뿌려 낸다.

Hint 대파는 그냥 넣어도 되지만 팬에 구워서 쓰면 식감과 풍미가 살아난다. 햄 대신 베이컨이나
     삼겹살을 넣어도 좋다.

애호박 그라탱

[🌡190℃ | 🕐 30min]

토마토소스를 만들어두면 라자냐, 파스타, 피자 등 다양한 메뉴를 쉽게 만들 수
있다. 나는 시간 날 때 토마토소스를 한꺼번에 만들어 반은 냉동 보관하고,
반은 냉장실에 일주일 정도 두면서 부지런히 이용한다. 애호박뿐 아니라 가지나
파프리카, 양배추 등도 같은 방법으로 토마토소스 위에 올리고 모차렐라 치즈나
파르메산 치즈를 얹어 오븐에 간단하게 라자냐처럼 구워 먹을 수 있다.

Ready

애호박 2개, 쇠고기 간 것 200g, 토마토소스 2컵(p.19 참조), 방울토마토 1컵,
프레시 모차렐라 치즈·파르메산 치즈 가루 약간씩, 바질 5~6장, 다진 파슬리 1큰술,
올리브 오일 약간
밑간(올리브 오일·소금·통후추 약간씩)

Cooking

1 애호박은 꼭지 부분을 잘라내고 길이로 반 가른 다음, 등 부분에 0.8~1cm
   간격으로 깊게 나란히 칼집을 낸다.

2 밑간 재료로 쇠고기에 간을 한 다음 올리브 오일을 두른 팬에서 볶다가
   토마토소스를 붓고 끓인다.

3 오븐 그릇에 토마토소스를 담고 애호박을 올린 후 애호박 칼집 사이사이
   에 토마토소스를 바른다.

4 방울토마토를 씻어서 애호박 사이사이에 올리고, 프레시 모차렐라 치즈
   도 골고루 뿌린다.

5 190℃로 예열한 오븐에 30분 정도 구운 뒤 파르메산 치즈 가루와 다진
   파슬리를 뿌리고 바질을 잘게 잘라 올려 낸다.

Hint 쇠고기 없이 토마토소스만 넣어서 만들어도 된다.

아스파라거스가 주인공, 아스파라거스 그라탱

[🌡 180℃ | ⏱ 15~20min]

유럽의 봄은 아스파라거스와 함께 온다 해도 과언이 아닐 정도로
프랑스와 이탈리아 사람들의 제철 아스파라거스 사랑은 극진하다.
아스파라거스는 샐러드나 스테이크의 가니시로 많이 이용하지만, 이 메뉴에서만은
아스파라거스가 주인공이다.

Ready

아스파라거스 10~12개, 라자냐 1장, 슬라이스 햄 3~4장, 크림소스 1컵(p.19 참조)
그릭 요구르트 2큰술, 그뤼예르 치즈 적당량, 타임 1~2줄기, 올리브 오일·소금·통후추 약간씩

Cooking

1 아스파라거스는 뿌리 쪽 질긴 부분을 잘라내고, 햄은 채 썬다.

2 라자냐는 포장지의 표시대로 소금을 넣어 삶은 뒤 올리브 오일을 바른다.

3 오븐 그릇에 라자냐를 담고 아스파라거스를 가지런히 얹은 뒤 그릭 요구
르트와 섞은 크림소스→햄→그뤼예르 치즈 순으로 얹고 마지막에 타임
을 올린다.

4 180℃로 예열한 오븐에 15~20분 노릇하게 구운 후 통후추를 갈아 뿌려
낸다.

엔다이브 크레이프 그라탱

[🌡 180℃ | ⏱ 20min]

엔다이브 크레이프 그라탱은 인기가 좋은 프랑스 전통 요리다.
크레이프를 굽고 재료를 말아 준비하려면 시간이 좀 걸리지만 참 맛있다.
부드러운 크림소스와 엔다이브의 쌉쌀한 향, 잠봉의 짭짤하고 고소한 맛이
조화를 이루어 입을 즐겁게 한다.

Ready

엔다이브 4개, 잠봉 4~8장, 파르메산 치즈 가루 2큰술, 크림소스 2컵(p.19 참조),
그뤼예르 치즈·버터·올리브 오일·파슬리 가루·통후추 약간씩
크레이프 4~6장(박력분 100g, 우유 200ml, 달걀 3개, 버터·소금 약간씩)

Cooking

1 크레이프 재료를 모두 합쳐 거품기로 잘 섞어 반죽한다.

2 지름 16~18cm 정도의 작은 팬을 달군 후 버터를 두르고 크레이프를 굽는다.

3 엔다이브는 씻어서 작으면 통째로, 크면 길이로 반 가른다. 달군 팬에 올리브 오일을 둘러 엔다이브를 살짝 굽는다.

4 ②의 크레이프를 펼치고 잠봉을 올린 후 엔다이브를 놓고 파르메산 치즈 가루를 뿌려 돌돌 만다.

5 오븐 그릇에 크림소스를 반 정도 담고, ④를 가지런히 담은 후 남은 크림소스를 얹고 그뤼예르 치즈를 갈아 올린다.

6 180℃로 예열한 오븐에 20분 정도 노릇하게 구워내 파슬리 가루와 통후추 간 것을 뿌려 낸다.

엔다이브는 올리브 오일에
살짝 굽는다.

잠봉을 2장 깔면 엔다이브 전체를 감싸
모양새도, 맛도 더 좋다.

치즈는 취향에 맞춰 양을 조절한다.

크림소스는 반 정도 담아
크레이프가 잠기지 않도록 한다.

라이스 치킨 팍시

[🌡180℃ | ⏱ 20~25min]

지중해식 치킨 팍시와 동남아의 식재료, 이 같은 동서양의 만남도 내가 즐기는
레시피다. 20년 전 가족들과 방콕에 여행 갔을 때 레스토랑에서 먹은 치킨 커리의
소스가 독특했다. 비법을 물으니 코코넛 밀크가 들어간다고 했다. 그날 이후로
코코넛 밀크에 반해 찾아 헤매다 이태원에서 간신히 찾아냈다. 지금은 대형 마트나
온라인 상점에서 쉽게 구할 수 있어 반갑다.

Ready

베트남 쌀 2컵, 닭가슴살 4쪽, 레몬 1/2개, 코코넛 밀크 2컵, 그뤼예르 치즈 간 것 4큰술,
강황 가루 1/2작은술, 올리브 오일 3큰술, 파슬리 가루 1큰술, 소금·통후추 약간씩
소(시금치 한 줌, 리코타 치즈·파르메산 치즈 가루 2큰술씩, 갈릭 파우더 1작은술,
소금·통후추 약간씩)

Cooking

1 베트남 쌀을 1~2시간 불린 다음 소금과 강황 가루를 넣고 쌀 부피의 1.5배
   물을 넣어 밥을 짓는다. 밥이 다 되면 올리브 오일 1큰술을 넣어 비빈다.

2 닭가슴살은 덜 둥근 쪽에서 살의 1/3 정도만 칼집을 넣은 후 올리브 오일
   2큰술과 소금, 통후추 간 것으로 밑간한다.

3 레몬은 닦아서 웨지 모양으로 자른다.

4 시금치를 잘게 다져 볼에 넣고 리코타 치즈와 파르메산 치즈 가루, 갈릭
   파우더, 소금, 통후추 간 것을 넣은 뒤 골고루 섞어 소를 만든다.

5 ④의 소를 ②의 갈라둔 닭가슴살 사이에 채운다.

6 코코넛 밀크에 그뤼예르 치즈 3큰술을 섞어서 1컵만 오븐 그릇에 담는다.

7 ⑥에 ①의 밥을 담고 닭가슴살을 서로 겹치지 않게 얹는다. 치즈 섞은
   코코넛 밀크 남겨둔 것을 골고루 얹고 올리브 오일을 살짝 뿌린다.

8 그뤼예르 치즈 1큰술을 골고루 뿌려 180℃로 예열한 오븐에 20~25분 굽는다.

9 치즈가 노릇해지면 꺼내 통후추 간 것과 파슬리를 뿌리고 레몬을 곁들인다.

Hint 베트남 쌀로 밥을 지을 때는 보통 쌀보다 물을 더 잡는다. 코코넛 밀크가 없다면 우유나
      크림소스로 대체해도 좋다.

소를 도톰하게 넣어도 오븐에
구우면 고정되어 모양이
흐트러지지 않는다.

베트남 쌀은 1~2시간 불려 밥을 한다.
밥을 지은 후 올리브 오일을 넣고
비벼두면 더 맛있다.

코코넛 밀크를 넣으면 동남아 음식의
독특한 풍미가 난다.

치킨 크넬 시금치 그라탱

[🌡180℃ | ⏱30min]

크넬(quenelle)은 남편의 고향인 리옹의 대표 음식이다. 나는 크넬을 먹을 때마다
우리의 어묵이 생각나서 언젠가 요리책에서 소개하고 싶었다.
우리나라의 어묵은 튀겨서 만들지만 크넬은 소스와 함께 부드럽게 익혀 조리한다.
어묵처럼 크넬도 생선을 주로 쓰는데, 고기로 만들기도 한다.
여기서는 닭가슴살 크넬을 소개한다.

Ready

시금치 1단, 양파 1개, 마늘 2쪽, 버터 2큰술, 크림소스 2컵(p.19 참조), 올리브 오일·
파르메산 치즈·핑크 페퍼·소금·통후추 약간씩
크넬(닭가슴살 2쪽, 중력분 100g, 달걀 2개, 실온 버터 100g, 빵가루·우유 2큰술씩,
아몬드 파우더·올리브 오일 1큰술씩, 파르메산 치즈 적당량, 소금 1작은술, 통후추 약간)

Cooking

1 시금치는 깨끗이 다듬어 씻어 물기가 있는 채로 냄비에 담고 소금을 뿌
   려 살짝 데친다. 이때 물을 따로 넣지 않고 시금치의 물기로만 익힌다.

2 양파와 마늘은 다져서 올리브 오일에 살짝 볶은 후 버터를 올려두어 온
   기에 녹아 스며들게 한다.

3 닭가슴살은 부드럽게 다져 올리브 오일과 소금, 통후추 간 것을 약간씩
   넣고 골고루 섞는다.

4 중력분은 체에 내린다. 볼에 달걀을 풀고 중력분, 버터, 빵가루, 우유, 아
   몬드 파우더, 파르메산 치즈, 소금 1작은술, 통후추 간 것을 넣고 섞는다.

5 ④에 ③의 닭고기를 넣고 살살 섞어 도톰한 만두 모양으로 빚는다.

6 오븐 그릇에 크림소스의 반을 담고, 데친 시금치와 ②를 골고루 담은 후
   다시 크림소스를 얹는다.

7 ⑥에 ⑤의 크넬을 올려 180℃로 예열한 오븐에 30분 정도 굽는다. 핑크
   페퍼를 뿌리고 파르메산 치즈와 통후추도 갈아 뿌려 뜨거울 때 낸다.

Hint 크넬을 팬에 살짝 익혀서 오븐에 구우면 조리 시간을 줄일 수 있다.

소라껍데기 모양 콘킬리에 그라탱

[🌡180℃ | ⏱20min]

소라껍데기 모양의 파스타 콘킬리에는 파스타 요리를 하면 소스가 속까지 들어가서 맛이 더욱 좋기에 애용한다. 만두처럼 소를 다양하게 만들어 소스와 함께 그라탱을 만들면 알찬 맛을 즐길 수 있다.

Ready

콘킬리에 파스타 400g, 굵은소금 2작은술, 올리브 오일 1큰술, 토마토소스 1컵(p.19 참조), 그릭 요구르트(또는 사워크림) 2큰술, 파르메산 치즈 적당량, 파슬리 가루·통후추 약간씩
소(리코타 치즈 2큰술, 파르메산 치즈 가루·파슬리 가루 1큰술씩, 통후추 약간)

Cooking

1 콘킬리에 파스타는 포장지에 적힌 시간대로 끓는 물에 굵은소금을 넣고 삶은 뒤 올리브 오일을 섞어둔다.

2 리코타 치즈에 파르메산 치즈 가루, 파슬리 가루, 통후추 간 것을 섞어 소를 준비한다.

3 오븐 그릇에 준비한 토마토소스를 담고, 콘킬리에 오목한 부분에 ②의 소를 채워 담은 후, 그릭 요구르트나 사워크림을 숟가락으로 사이사이에 올린다.

4 ③ 위에 파르메산 치즈를 갈아 넉넉히 뿌리고 180℃로 예열한 오븐에 20분 정도 굽는다. 파슬리 가루를 뿌리고 통후추와 파르메산 치즈를 갈아 뿌려 낸다.

Hint 삶은 콘킬리에 파스타는 모양이 상하지 않도록 살살 다룬다. 토마토소스 대신 크림소스로 만들어도 좋다.

고기와 생선으로
메인 요리

PART 2

너무 간단한 치킨레몬구이

[🌡 190℃ | ⏱ 30~35min]

닭가슴살을 팬에 구울 때는 지켜보면서 불 조절을 잘 해야 속이 촉촉하게
구워지는데, 오븐에 구우면 훨씬 쉽게 구울 수 있다.
온도만 맞춰두면 부드러우면서 촉촉하게 잘 구워지니 말이다.
나는 닭가슴살을 구울 때면 그날 먹을 양보다 조금 더 구워 다음 날
샐러드나 샌드위치 재료로 이용한다.

Ready

닭가슴살 4쪽, 레몬·통마늘 1개씩, 올리브 오일·홀그레인 머스터드 2큰술씩,
로즈메리 가루·타임 가루·파슬리 가루·통후추 약간씩
밑간(올리브 오일 2큰술, 소금·통후추 약간씩)

Cooking

1 닭가슴살은 밑간 재료를 고루 뿌려 냉장고에 1~2시간 두었다가 굽기 30분
   전 실온에 꺼내두고, 마늘은 껍질을 깐다.

2 오븐 그릇에 닭가슴살을 담고, 레몬을 0.5~0.6cm 두께로 썰어 고기 위
   에 올린 후 올리브 오일 1큰술을 레몬 위에 뿌린다.

3 190℃로 예열한 오븐에 20분 정도 닭가슴살을 굽다가 올리브 오일 1큰
   술을 한 번 더 뿌린 후 마늘을 같이 넣고 10~15분 더 굽는다. 각종 허브
   가루와 통후추 간 것을 뿌린다.

4 오븐 그릇에 남은 육즙을 고기 위에 발라 촉촉하게 한 후 홀그레인 머스
   터드를 곁들여 낸다.

Hint 굽는 중간에 오일을 한 번 더 뿌리면 표면이 노릇하게 구워진다. 허브를 좋아하면 구울 때
     듬뿍 뿌린다.

Wine 라몬 빌바오 크리안자(Ramon Bilbao Crianza) : 스페인, 리오하 템프라니요 100%인 라몬 빌바오 크리안자는
스페인에서만 맛볼 수 있는 포도 품종의 와인으로 스테이크와 잘 어울리고 밸런스가 매우 좋다.

로스트 비프

[🌡 180℃ | ⏱ 90min]

로스트 포크나 로스트 비프는 손님이 많이 왔을 때 대접하기 좋은 메뉴다.
무엇보다 좋은 점은 밑간한 고기 덩어리가 1시간 넘게 오븐에서 구워지는 동안,
카나페며 후식 등의 다른 요리를 준비할 수 있다는 것. 전날 밑간해 냉장고에 하룻밤
놔둔 다음, 굽기 1시간 전 실온에 꺼내두어야 육질이 경직되지 않아 맛이 좋다.
이는 로스트 포크도 마찬가지다.

Ready(6~8인분)
쇠고기 등심(덩어리) 1kg, 당근 2개, 셜롯 4~6개(또는 양파 2개), 마늘 10쪽, 홀그레인
머스터드 2큰술, 올리브 오일 적당량, 로즈메리·타임 4~5줄기씩
밑간(올리브 오일 4~5큰술, 타임 가루·로즈메리 가루 2작은술씩, 소금·통후추 약간씩)

Cooking

1 하루 전날 쇠고기 등심 덩어리를 칼끝으로 콕콕 찌른 후 올리브 오일
   4~5큰술을 넉넉히 바르고 타임 가루와 로즈메리 가루 2큰술씩, 소금과
   통후추 간 것을 뿌려 밑간을 해둔다. 오븐에 굽기 1시간 전에 실온에 두
   면 고기가 더 부드러워진다.

2 당근은 씻어서 손가락 두께만큼 세로로 길게 썰고, 셜롯은 반으로 가르
   며, 마늘은 껍질을 깐다. 모두 올리브 오일을 고루 발라둔다.

3 오븐 그릇에 밑간한 쇠고기를 담고 올리브 오일을 듬뿍 뿌린 뒤 로즈메리
   가루, 타임 가루도 조금 더 뿌려 숟가락 뒷면이나 손으로 골고루 바른다.

4 180℃로 예열한 오븐에 ③의 고기를 넣고 1시간 30분간 구우면 미디엄
   웰던 정도의 굽기가 된다.

5 조리 시간이 20~30분 정도 남았을 때 ②의 당근, 셜롯, 마늘을 넣는다.

6 오븐에서 꺼내면 육즙과 올리브 오일, 허브들이 잘 섞여서 소스가 되어
   있는데 이것을 숟가락으로 고기에 끼얹어 촉촉하게 한다.

7 로즈메리와 타임을 육즙에 적셔 고기 위에 얹고 홀그레인 머스터드를 곁
   들여 낸다. 고기는 통으로 낸 후 식탁에서 잘라서 먹도록 한다.

Hint 레어나 미디엄 레어를 좋아하는 이가 있다면 조금 일찍 꺼내 몇 덩어리 미리 잘라내고 마저 굽는다.

비프롤 스테이크

[🌡180℃ | ⏱20min]

니스 여행 중에 고기가 먹고 싶어서 스테이크 전문점에 들렀다가 우연히 발견하고선
특이해 보여 주문했던 메뉴다. 그때 치즈 넣은 롤스테이크를 너무 맛있게 먹어서
아들이 어렸을 때 가끔씩 만들어주었고, 지금도 지인들과 와인 마실 때 종종 만든다.
호불호 없이 누구나 좋아하는 메뉴다. 고기와 치즈를 누가 거부하겠는가.

Ready

쇠고기 불고깃감 400g, 고다 치즈(또는 모차렐라 치즈나 에멘탈 치즈) 5~6장,
프로슈토(또는 잠봉) 5~6장, 그라나파다노 치즈·파슬리 가루·딜 가루·핑크 페퍼·
올리브 오일·소금·통후추 약간씩

Cooking

1 얇은 불고깃감을 잘 펼치고, 작으면 겹치게 이어서 20~25cm 정도 길이
   가 되게 한다.

2 고다 치즈를 중간보다 조금 아래에 나란히 놓고, 그 위에 프로슈토를 올
   린다.

3 ②를 김밥 말 듯 돌돌 만 후 마무리 부분을 실로 묶거나 작은 꼬치로 찔
   러 고정한다.

4 오븐 트레이에 종이 포일을 깔고, ③의 비프롤을 담아 올리브 오일을 골
   고루 바른 뒤 소금, 통후추 간 것을 뿌린다.

5 180℃로 예열한 오븐에 ④를 20분간 굽는다.

6 오븐에서 꺼내, 그라나파다노 치즈를 필러로 대팻밥같이 깎아 얹고, 파
   슬리 가루, 딜 가루와 핑크 페퍼를 보기 좋게 뿌린다.

Hint 안주나 아이들 식사로 좋고 샐러드와 함께 곁들이기에도 좋다.

말린 자두 돼지안심말이

[🌡 180℃ | 🕐 45min]

손님 초대에 자주 내놓는 단골 메뉴 중 하나다.
안심을 가르고 펴서 망치질을 한 다음, 재료를 넣어 돌돌 말려면
손은 제법 많이 가지만 먹는 이들이 좋아해주니 만들지 않을 수가 없다.
페타 치즈의 짠맛과 말린 자두의 단맛이 균형을 이룬다.
처음엔 목살로 만들었는데, 손질된 안심 한 덩어리가 딱 적당한 크기인 데다
지방이 적어 요즘은 안심을 주로 이용한다.

Ready

돼지고기 안심(덩어리) 600g, 페타 치즈 200g, 말린 자두 200~300g, 타임 3~4줄기,
올리브 오일 2큰술, 소금·통후추 약간씩

Cooking

1 안심은 같은 길이가 되도록 끝을 다듬고 가운데를 칼로 저며 좌우로 펼친다.

2 펼친 고기를 고기 망치로 두들겨 전체적으로 비슷한 두께가 되도록 납작하게 편다.

3 고기에 올리브 오일 2큰술을 골고루 뿌려 숟가락 뒷면으로 펴 바른 후 소금, 통후추 간 것을 뿌린다.

4 김밥 재료 올리듯이 고기 가운데에 페타 치즈를 길게 잘라서 놓고, 말린 자두를 한 줄씩 올려 김밥 말듯이 손가락에 힘을 주며 동그랗게 만다.

5 굵은 실로 가로세로로 얽히도록 엮어 묶는다.

6 오븐 그릇에 ⑤를 담고, 고기 겉면에 올리브 오일을 골고루 바른다.

7 180℃로 예열한 오븐에 30분 정도 구운 후 뒤집어서 황금빛이 나도록 15분 정도 더 굽는다. 타임을 육즙에 듬뿍 적셔 고기 위에 얹어 낸다.

Hint 조리하다가 고기에 구멍이 나면 나무 꼬치로 꿰매듯이 잇는다.

말린 자두 대신 건포도나 말린 살구 등
다른 종류의 단맛 나는 과일을 사용해도 된다.
견과류를 섞어도 어울림이 좋다.

로스트 포크

[🌡 180℃ | ⏱ 60~90min]

오븐의 매력 중 하나가 여러 명이 함께 먹을 수 있는 큰 덩어리의 고기를 근사하게
구워낼 수 있다는 것. 프랑스 가정에 초대받아 가면 항상 메인인 로스트 비프나
로스트 포크를 남편들이 멋지게 구워와 썰어주는 모습이 무척 인상적이었다.
평소에 요리를 많이 해보지 않은 이도 기본만 알면 쉽게 따라해볼 수 있는 요리이고,
대접받는 이의 만족도는 항상 최상이라 남자들에게 도전해보라고 권하는 메뉴다.

Ready

돼지고기 등심(덩어리) 600g, 사과 1~2개, 무화과 2~4개, 올리브 오일·홀그레인 머스터드
적당량, 로즈메리·통후추 약간씩
밑간(올리브 오일 2~3큰술, 로즈메리 2~3줄기, 타임 가루·소금·통후추 약간씩)

Cooking

1 등심은 전날이나 2~3시간 전에 미리 밑간 재료를 모두 섞어 발라 냉장
   보관한다. 이때 칼끝으로 고기를 콕콕 찍은 후 양념하면 간이 잘 밴다.
   고기는 조리 1시간 전에 실온에 꺼내둔다.

2 사과는 씻어 껍질째 웨지 형태로 자르고, 무화과는 통째로 두거나 반으
   로 가른다.

3 오븐용 트레이에 종이 포일을 깔고 ①의 고기를 가운데에 놓은 후 준비
   한 과일을 양쪽에 담는다.

4 올리브 오일을 고기와 과일 위에 골고루 뿌리고 그 위에 통후추 간 것과
   로즈메리를 뿌린다.

5 180℃로 예열한 오븐에 ④를 넣어 1시간 이상 굽는다. 고기 두께에 따라
   익는 시간에 차이가 있으므로 끝부분을 5cm 정도 잘라 익은 정도를 확
   인해보고 시간을 조절한다.

6 다 구워지면 배어나온 육즙을 숟가락으로 끼얹고, 로즈메리를 육즙에
   듬뿍 적셔서 고기 위에 올린 다음 홀그레인 머스터드를 곁들여 낸다.

Hint 고기는 오븐에 넣기 전에 1시간 정도 실온에 두어야 맛과 식감이 좋다. 밑간할 때 올리브
      오일을 함께 바르면 돼지고기의 잡내가 사라지고, 간도 육질 속으로 잘 스민다.

돼지뼈등심구이

[🌡️ 190℃ | ⏱️ 30min]

프랑스 이모님 댁에 가면 다양한 고기 요리를 해주셨는데, 그중 하나인
이 등심구이 생김새를 보고는 양갈비인 줄 알았다. 기름기 없이 담백하고
시각적으로 먹음직스러워서 가끔 장을 보다가 뼈 있는 등심을 발견하면 바로 사와서
감자와 함께 구워 안주를 만들곤 한다.

Ready(2인분)

돼지고기 등심(뼈 붙은 것) 300g, 사과 1개, 마늘 5~6쪽, 타임 2줄기, 핑크 페퍼·
머스터드 시드 약간씩, 올리브 오일 적당량
밑간(올리브 오일·타임 가루·소금·통후추 약간씩)

Cooking

1 등심을 올리브 오일, 타임 가루, 소금, 통후추 간 것으로 밑간해 냉장고에
   1시간 정도 둔다. 조리 30분 전에 꺼낸다.

2 사과는 껍질째 웨지 모양 또는 가로로 둥글납작하게 자르고, 마늘은 껍질
   을 깐다.

3 190℃로 예열한 오븐에 고기와 사과, 마늘을 넣고 30분 정도 노릇하게 구
   운 후 타임을 오븐 그릇에 생긴 육즙에 적셔 올린다.

4 핑크 페퍼, 머스터드 시드를 뿌리고 올리브 오일을 스푼으로 넉넉히 뿌린다.

Hint 마늘과 육즙이 어우러진 오일은 빵을 찍어 먹거나 파스타를 삶아 섞어 먹어도 맛있다.

양갈비 스테이크

[🌡 180℃ | 🕐 30min] + [🌡 190℃ | 🕐 10min]

프랑스에서 별식으로 즐기던 지고 다노(gigot d'agneau: 프로방스식 양고기
뒷다리 로스트)가 생각나면, 양갈비를 구워 베트남 라이스나 보리,
퀴노아 등을 곁들여 와인과 함께 즐긴다.

Ready

양갈비(프렌치 랙) 4~6개, 보리·퀴노아 1컵씩, 셜롯(또는 양파) 6개, 올리브 오일 2큰술,
다진 타임·다진 파슬리 1큰술씩, 머스터드 시드·핑크 페퍼·소금·통후추 약간씩
밑간(올리브 오일 2큰술, 타임과 로즈메리 등 허브 가루·소금·통후추 약간씩)

Cooking

1 양갈비는 밑간 재료를 고루 뿌려 냉장고에 1시간 정도 둔다.

2 보리는 1~2시간 물에 불려 중약 불에서 1시간 정도 삶는다. 퀴노아는 1시
   간 정도 물에 불린 뒤 2배의 물을 넣고 20분 정도 삶은 후 올리브 오일
   2큰술을 넣어 비비고, 소금과 통후추 간 것을 살짝 뿌린다.

3 셜롯은 껍질을 벗기고 반으로 가른다.

4 오븐 그릇에 보리와 퀴노아를 고르게 펴서 담고 양갈비를 올린다.

5 양고기 위에 올리브 오일을 골고루 뿌려 숟가락 뒷면으로 펴 바른다.

6 180℃로 예열한 오븐에 ⑤를 넣어 30분 정도 굽고, 190℃로 올려 10분 정
   도 더 굽는다. 190℃로 온도를 올릴 때 셜롯을 넣는다.

7 타임과 파슬리는 오븐 그릇에 남은 육즙에 적셔 올리고 머스터드 시드,
   핑크 페퍼, 통후추 간 것을 뿌려 낸다.

Hint 보리를 하루 전날 불려두면 20분만 삶아 10분 정도 뜸 들여서 쓸 수 있다.

베누아 아버지의 치킨 파테

[🌡 180℃ | 🕐 40min]

파테는 프랑스식 고기 파이라 생각하면 된다. 프랑스에서는 전채로 먹거나 샐러드에
곁들여 먹곤 한다. 처음에는 친구 녕(Nhyung)에게 파테를 배워 쇠고기 파테를 만들었는데
프랑스 출장 길에 친구 베누아(Benoit)의 집에서 치킨 파테를 맛보았다.
맛이 좋아 물으니 아버지가 만들어주셨다고 해서 당장 전화를 걸어 레시피를 적어왔다.
서울에 와서 만들어보니 우리나라 사람들은 쇠고기 파테보다 치킨 파테를
더 좋아해 주로 치킨으로 만든다.

Ready

닭가슴살 5~6쪽, 양파·레드 파프리카 1개씩, 빵가루 4큰술, 달걀 3개, 다진 파슬리·
갈릭 파우더 1큰술씩, 올리브 오일 2큰술, 소금 1/2작은술, 타임(또는 오레가노) 가루·
핑크 페퍼·통후추 약간씩
가니시(케이퍼 프루트·코르니숑 피클 약간씩)
파테 그릇(22×8cm)

Cooking

1 닭가슴살은 다지거나 갈아서 올리브 오일 2큰술과 소금 약간, 통후추 간
   것을 섞어 버무려둔다.

2 양파와 파프리카는 잘게 다진다. 달군 팬에 올리브 오일을 두르고 양파와
   파프리카를 각각 넣어 살짝 볶은 후 소금 약간과 통후추 간 것을 뿌린다.

3 볼에 ①의 닭고기와 ②의 볶은 채소, 빵가루, 달걀, 다진 파슬리, 갈릭 파
   우더, 타임 가루를 모두 넣고 소금 1/2작은술, 통후추 간 것을 뿌려 섞는다.
   30분 정도 두었다가 올리브 오일을 고루 바른 파테 그릇이나 직사각형 오
   븐 그릇에 꾹꾹 눌러 담는다.

4 통후추 간 것과 타임 가루, 핑크 페퍼를 윗부분에 뿌린 후 180℃로 예열
   한 오븐에 40분간 굽는다. 윗부분이 노릇한지 확인한 후 꺼내서 그릇째
   식혀 잘라 낸다. 냉장고에 하룻밤 두었다가 자르면 깔끔하게 잘린다. 가
   니시를 곁들여 낸다.

Hint 올리브나 통마늘을 넣고 구워도 좋다. 맛도 풍부하고 재료를 자른 단면이 보여 시각적으로도
      멋스럽다. 치킨 파테는 샌드위치에 넣어 먹어도 별미다.

빵 속에 치킨 파이

[🌡 180℃ | 🕐 45~50min]

몇 년 전부터 빵을 집에서 만들어 먹기 시작했다. 그때부터 치킨 파테를
빵 반죽에 넣어 구워보니 튀기지 않은 크로켓(고로케) 같은 맛이 나고, 탄수화물이
들어가 한 끼 식사로 손색이 없었다. 남편도 좋아하기에 자주 만들면서 이런저런
방법을 다양하게 시도하다가 어느 날 감자 크로켓 생각이 나서 삶은 감자를 으깨
넣었더니 식구들의 반응이 좋았다. 음식은 이렇게 저렇게 하다 보면
나만의 레시피가 생기는 것 같다.

Ready

닭가슴살 2쪽, 감자 2개, 양파 1개, 시금치 한 줌, 달걀 2개, 슬라이스 고다 치즈 4~5장,
파르메산 치즈 가루 2큰술, 버터 1큰술, 타임 가루·올리브 오일·소금·통후추 약간씩
반죽(강력분 300g, 이스트 3g, 설탕 3작은술, 소금 1/2작은술, 올리브 오일 2큰술,
미지근한 물 2/3컵)

Cooking

1 시금치는 씻어서 다지고, 감자는 껍질을 벗겨 삶아 으깬 뒤 버터 1큰술과
   소금, 통후추 간 것을 넣어 섞는다.

2 감자를 삶는 동안 닭가슴살과 양파를 잘게 다져 달군 팬에 올리브 오일
   을 둘러 볶은 후 소금, 통후추 간 것을 뿌린다.

3 ①, ②를 볼에 담고 파르메산 치즈 가루, 타임 가루, 달걀을 넣고 잘 섞는다.

4 반죽 재료를 모두 섞어 반죽한 후 도마에 밀가루를 뿌리고 밀대로 밀어
   길쭉한 모양을 만든다.

5 반죽 가운데에 슬라이스 고다 치즈를 올리고 ③의 재료를 놓은 후 반죽
   으로 감싸 5분 정도 그대로 둔다.

6 오븐 트레이에 종이 포일을 깔고 밀가루를 살살 뿌린 후 ⑤를 올린다.

7 180℃로 예열한 오븐에 45~50분 노릇하게 구운 다음 오븐을 끄고 뒤집
   어서 10분간 오븐 속에 둔다. 이렇게 하면 아랫부분이 눅눅하지 않고 바
   삭해진다.

Hint 닭가슴살 대신 돼지고기 안심으로 만들어도 담백하고 맛있다.

슬라이스 고다 치즈나
체다 치즈를 넣으면 맛있다.

반죽 가운데에 소를 놓고 양쪽에서
반죽을 끌어 덮어 마무리한다.

가자미구이

[🌡 180℃ | ⏱ 25~30min] + [🌡 190℃ | ⏱ 10min]

프랑스 사람들은 가자미를 많이 먹는다. 가장 유명한 것은 팬에 노릇하게 지져
버터 풍미 가득한 소스를 얹는 뫼니에르(meunière)지만, 내 입맛에는 올리브 오일을
발라 오븐에 구운 것이 담백해서 더 잘 맞는다. 가자미는 기름을 듬뿍 넣고 튀기듯이
바삭하게 구워도 맛있지만 오븐에 노릇하게 구우면 부드러워서 좋다.
가시가 두꺼워 포크와 나이프로 발라 먹기 쉽다는 점도 가자미의 장점이다.

Ready
가자미 2마리, 레몬 2개, 딜·핑크 페퍼·올리브 오일·소금·통후추 약간씩

Cooking

1 가자미는 내장을 깨끗이 씻어내고, 지느러미를 가위로 다듬는다. 내장을
   깨끗이 씻어야 쓴맛이 나지 않는다.

2 레몬은 씻어서 1개는 슬라이스하고, 나머지 1개는 반으로 자른다.

3 가자미 등 부분에 칼집을 비스듬히 넣은 후 오븐 그릇에 담고, 올리브 오
   일, 소금, 통후추 간 것을 뿌린다.

4 180℃로 예열한 오븐에 25~30분 구운 후 190℃에 10분 정도 더 구워 슬
   라이스 레몬과 딜, 핑크 페퍼를 얹고, 반으로 자른 레몬의 즙을 듬뿍 뿌
   려 낸다.

Hint 가자미구이는 샐러드나 파스타에 곁들이기 좋은 메인 요리다.

한국인이 사랑하는 고등어구이

[🌡 180℃ ｜ 🕐 20min] + [🌡 190℃ ｜ 🕐 5~6min]

프랑스 사람들이 가자미를 많이 먹듯이
한국에서 가장 흔하게 먹는 생선은 아마 고등어가 아닐까?
살의 지방 함량이 높아서 오븐에 구워 기름기가 빠진 고등어 맛은 진정 일품이다.
토마토, 레몬과 함께 구워도 밥반찬으로 잘 어울린다. 탄수화물 섭취를 줄이고 싶다면
고등어구이의 간을 싱겁게 해 샐러드와 곁들이기를 권한다.

Ready

고등어(포 뜬 것) 2마리, 토마토 2~3개, 레몬 1/2개, 올리브 오일·타임·소금·통후추 약간씩

Cooking

1 오븐 그릇에 토마토 슬라이스를 줄지어 깔고 손질한 고등어를 올린다.

2 고등어와 토마토 위에 올리브 오일, 소금, 통후추 간 것을 뿌린다.

3 180℃로 예열한 오븐에 20분 정도 구운 다음 190℃로 올려 5~6분 노릇
   하게 굽는다.

4 레몬을 잘라 곁들이고 타임을 얹어 낸다.

Hint 고등어를 구울 때 가스레인지나 전기 그릴이 아닌 오븐에 구우면 집 안에 냄새도 배지 않고 좀
      더 부드럽게 구울 수 있다.

오븐 요리에
좋은 채소가 따로 있다

PART 3

모둠채소구이

[🌡 190℃ ┃ 🕐 15~20min]

채소를 익히는 방법은 다양한데, 채소를 오븐에 구우면 모양의 변화가 적어
구워서 상에 냈을 때 보기 좋다. 또 찌거나 삶을 때보다 맛과 식감이 진해 매력적이다.
발사믹 비니거를 뿌린 샐러드나 육류 또는 생선 요리의 가니시 등으로 두루 쓴다.

Ready

노랑 파프리카·빨강 파프리카·레드 엔다이브 1개씩, 노랑 주키니·초록 주키니·적양파·양파
1/2개씩, 올리브 오일 2큰술, 타임 가루 1작은술, 타임 3~4줄기, 발사믹 비니거 적당량,
소금·통후추 약간씩

Cooking

1 준비한 채소를 모두 깨끗이 씻어 한입 크기로 먹기 좋게 자른다.

2 오븐 트레이에 종이 포일을 깔고 채소를 펼쳐 담는다. 올리브 오일을 골
   고루 뿌리고 타임 가루, 소금, 통후추 간 것을 뿌린다.

3 190℃로 예열한 오븐에 ②를 15~20분 굽는다.

4 타임을 올리고 발사믹 비니거를 곁들인다.

Hint 여러 가지 채소를 구울 때는 익는 시간이 비슷한 것으로 조합하면 좋다.

두루두루 어울리는 토마토구이

[🌡️ 190℃ | ⏲ 20~25min]

토마토는 샐러드, 파스타, 고기, 생선, 다른 채소 등 어떤 재료와도 잘 어울린다.
토마토를 미리 구워 냉장고에 두고 쓰면 바쁘거나 손님 초대할 때 요긴하다.
토마토에 풍부한 항산화 물질 라이코펜은 가열 조리 시
흡수율이 좋아지니 굽지 않을 이유가 있을까? 게다가 맛도 더 좋아진다.

Ready

토마토 2개, 컬러 방울토마토 2컵, 통마늘 1개, 올리브 오일 4큰술, 타임 2~3줄기,
로즈메리·타임 가루·바질 가루·페타 치즈·소금·통후추 약간씩

Cooking

1 토마토, 방울토마토, 통마늘을 씻어 물기를 빼고, 토마토와 통마늘은 가
   로로 2등분한다.

2 오븐 그릇에 2등분한 토마토와 방울토마토를 담고 올리브 오일을 골고루
   뿌린 뒤, 소금과 로즈메리를 뿌린다.

3 190℃로 예열한 오븐에 넣어 10분 정도 굽다가 마늘을 넣고 10~15분 더
   굽는다. 타임 가루, 바질 가루를 뿌리고 통후추를 갈아 올린 뒤 페타 치
   즈, 타임을 곁들여 낸다.

Hint 마늘은 토마토보다 빨리 익으므로 조금 늦게 넣는다. 샐러드로 먹을 때는 페타 치즈와 곁들인다.

길게 자른 당근구이

[🌡 200℃ | 🕐 20~25min]

프랑스 사람들은 당근을 채 썰어 샐러드에도 많이 넣고,
동그랗게 슬라이스해 버터나 올리브 오일에 볶아 메인 요리 가니시로도 애용한다.
흔히 당근을 부재료라고 생각하는데, 나는 당근 자체만으로도
존재감이 빛난다고 생각한다. 삶으면 부드러운 식감만 느껴지지만 오븐에 구우면
달콤한 당근 맛과 특유의 구운 향이 나서 더 맛있다.

Ready

당근(중간 크기) 4개, 올리브 오일 4큰술, 이탈리언 파슬리 2큰술, 소금·통후추 약간씩

Cooking

1 당근은 앞뒤를 잘라내고 손가락 두께만큼 세로로 자른다.

2 오븐 트레이에 종이 포일을 깔고 당근을 고르게 펼쳐 담은 후 올리브 오
   일을 골고루 뿌린다.

3 200℃로 예열한 오븐에 20~25분 구운 후 소금과 통후추 간 것, 파슬리
   를 뿌려 낸다.

Hint 당근에 올리브 오일을 고르게 발라야 마르지 않고, 오븐 트레이에 겹치지 않게 놓아야 골고루
      구워진다. 구운 당근에 페타 치즈나 그릭 요구르트만 곁들여도 훌륭한 샐러드가 된다.

그린 소스와 민트를 곁들인 적양배추

[🌡 200℃ | ⏱ 20~25min]

적양배추는 일반 양배추보다 항산화 성분이 훨씬 풍부하다. 적양배추를 구우면
한 번에 많은 양을 섭취할 수 있고 스테이크 부럽지 않은 요리가 된다.
적양배추를 가로로 잘랐을 때의 진한 자줏빛 컬러, 단면의 힘차게 뻗은 줄기,
겹겹이 싸인 신비로운 무늬에 종종 매료되곤 한다. 이 아름답고 맛있는 채소가 단지
색상이 예쁘다는 이유로 샐러드 장식으로만 쓰이는 게 안타깝다.

Ready

적양배추(작은 것) 1개, 올리브 오일 5큰술, 피스타치오 2큰술, 민트 가루·민트·소금·
통후추 약간씩
그린 소스(그릭 요구르트·바질 페스토 2큰술씩)

Cooking

1 적양배추는 겉껍질을 다듬어 씻은 후 가로로 동글납작하게 4등분하거
   나 크기가 크면 웨지 모양으로 자른다. 물에 잠시 담가두었다가 건져 물
   기를 뺀다.

2 오븐 트레이에 종이 포일을 깔고 적양배추를 고르게 담은 뒤, 올리브 오
   일, 소금, 통후추 간 것 순으로 뿌린다.

3 200℃로 예열한 팬에 적양배추를 20~25분 굽는다.

4 그린 소스 재료를 모두 섞어 소스를 만든다. 피스타치오는 칼로 두세 번
   대강 다진다.

5 구운 적양배추 위에 민트 가루와 민트, 피스타치오를 뿌리고 그린 소스
   를 곁들여 낸다.

Hint 흰 양배추를 써도 된다. 그린 소스 대신 홀그레인 머스터드나 사워크림을 곁들여도 어울린다.

두 가지 양파구이

[🌡 190℃ | ⏱ 20~25min]

양파는 동서양 요리에 빠지지 않고 들어가는 재료다. 토마토와 더불어 최고의
친화력을 자랑하는 채소라 생각한다. 잘 구운 양파에는 색다른 단맛과 감칠맛이
있어 매력적이다. 결혼 초 남편이 편식하는 어린아이처럼 양파를 곧잘 남기기에
구워서 주곤 했다. 남편은 이제 구운 양파 샐러드를 무척 좋아한다.

Ready

양파·적양파·레드 엔다이브 2개씩, 프로슈토 4장, 올리브 오일 4큰술, 타임 가루 1작은술,
갈릭 파우더 1큰술, 소금·통후추 약간씩

Cooking

1   양파는 모두 세로로 반 자른 후 4등분해 8조각의 웨지 모양으로 썬다.

2   엔다이브도 크기에 따라 1/2 또는 1/4로 썬 후 다시 반으로 자른다.

3   프로슈토는 손으로 2~3조각이 되게 뜯는다.

4   오븐 트레이에 종이 포일을 깔고 양파와 엔다이브를 보기 좋게 섞어 담
    은 후 올리브 오일을 골고루 뿌린다.

5   190℃로 예열한 오븐에 20~25분 구워 황금빛을 띠면 꺼낸다. 타임 가루,
    갈릭 파우더, 소금, 통후추 간 것을 뿌리고 프로슈토를 사이사이에 올려
    낸다.

아코디언 감자

[🌡 190℃ ｜ ⏱ 40~45min]

감자를 통으로 구우면 익는 데 오랜 시간이 걸린다. 칼집을 넣어 아코디언 모양을
내서 구우면 조리 시간도 줄어들고, 먹는 이들도 재밌어한다. 이렇게 하면 간이
골고루 배고 식감도 쫀득해 와인 안주로도 인기가 좋다.

Ready

감자(비슷한 크기) 6개, 올리브 오일·버터·사워크림 2큰술씩, 파르메산 치즈·로즈메리·
소금·통후추 약간씩

Cooking

1 감자는 껍질을 벗기고 0.2~0.3cm 간격으로 아코디언 모양이 되도록 깊
   게 칼집을 넣는다.

2 오븐용 그릇에 ①의 감자를 담고 올리브 오일을 사이사이에 뿌린 뒤 로
   즈메리, 소금, 통후추 간 것을 뿌린 다음 마지막에 버터를 골고루 바른다.

3 190℃로 예열한 오븐에 45~50분 구워 감자가 노릇해지면 파르메산 치즈
   를 그레이터로 갈아 뿌리고 사워크림을 곁들여 낸다.

Hint 감자 크기가 비슷해야 조리하기 쉽다. 감자를 구울 때 보통은 중간에 한 번 뒤집는데,
      아코디언 모양을 유지하기 위해 위쪽이 익을 때까지 뒤집지 않고 그대로 굽는다.

아스파라거스구이

[🌡 190℃ | 🕐 10~15min]

아스파라거스에 올리브 오일과 파르메산 치즈 가루를 뿌려 오븐에 구우면 어떤
주 요리와도 잘 어울리는 가니시이지만 그 자체로 훌륭한 와인 안주가 되기도 한다.
또 채소를 즐기지 않는 어린이들이 쉽게 채소와 친해지는
계기가 되는 메뉴이기도 하다.

Ready

아스파라거스 12~15개, 올리브 오일·강판에 채 친 파르메산 치즈 2큰술씩, 타임 1~2줄기,
파슬리 가루·소금·통후추 약간씩

Cooking

1 아스파라거스는 끝의 질긴 부분을 1~2cm 정도 잘라낸다.

2 오븐 트레이나 낮은 접시에 종이 포일을 깔고 아스파라거스를 펼쳐놓는다.

3 아스파라거스 위에 올리브 오일을 바른 뒤 채 친 파르메산 치즈와 타임
   을 올리고, 파슬리 가루와 소금, 통후추 간 것을 뿌린다.

4 190℃로 예열한 오븐에 10~15분 구워 표면이 노릇해지면 꺼내 따뜻하게
   식탁에 낸다.

Hint 아스파라거스는 너무 오래 구우면 질겨진다.

소나무 같은 주키니 통구이

[🌡 200℃ | ⏱ 15~20min]

나는 한국 전통의 소나무처럼 살짝 굽은 주키니 모양을 사랑한다.
주키니를 가지고 음식을 만들 때마다 그 유려한 곡선에 반하곤 한다.
그래서인지 완성된 음식도 참 멋져 보인다. 고기도 생선도 아닌
열매채소 하나의 존재감이 이렇게 클 수 있을까?

Ready

주키니 2개, 올리브 오일 2큰술, 소금·통후추·이탈리언 파슬리·말린 장미꽃잎 약간씩,
유청을 뺀 그릭 요구르트 4큰술

Cooking

1 그릭 요구르트는 하루 전날 면 보자기나 커피 여과지에 걸러 되직하게
  만든다.

2 주키니에 0.3~0.4cm 폭으로 칼집을 넣어 아코디언 형태로 만든 뒤 올리
  브 오일과 소금, 통후추 간 것을 살짝 뿌린다.

3 200℃로 예열한 오븐에 주키니를 15~20분 굽는다.

4 오븐에서 꺼내 한 김 식힌 후, 이탈리언 파슬리와 말린 장미꽃잎으로 장
  식하고, ①의 그릭 요구르트를 곁들인다.

Hint 주키니는 곧은 모양보다 살짝 굽은 것이 조리했을 때 매력 있다. 그릭 요구르트 대신 사워크림을
      곁들여도 잘 어울린다.

바게트 모양, 주키니 팍시

[🌡 180℃ | ⏱ 15~20min]

나는 주키니를 너무도 사랑하는지라 싱싱한 주키니가
수북이 쌓여 있는 것을 보면 넉넉히 사 들고 와서 이런저런 음식을 만들어본다.
이 요리는 이름은 바게트 팍시지만 바게트 빵은 등장하지 않는다.
한번은 주키니를 절반으로 갈라 만든 팍시를 남편이 보더니 "바게트처럼 보이네!"
하기에 바게트 팍시라고 이름 붙였다. 프랑스 사람들은 '코코트(cocotte)'라고 부르는,
주키니 속을 판 후 달걀을 3~4개씩 넣고 굽는 음식도 많이 만들어 먹는다.
나의 바게트 팍시는 지중해식 팍시와 코코트의 변형인 셈이다.

Ready (2인분)

주키니(중간 크기) 1개, 방울토마토 5~6개, 달걀 2개, 빵가루·파르메산 치즈 가루·강판에
곱게 채 친 파르메산 치즈 2큰술씩, 타임 1~2줄기, 올리브 오일·구운 잣·다진 파슬리·소금·
통후추 약간씩

Cooking

1 주키니는 길이로 반 가르고, 숟가락으로 속을 예쁘게 파낸 다음 올리브
  오일과 소금을 뿌린다.

2 달걀 1개와 빵가루, 파르메산 치즈 가루, 다진 파슬리를 골고루 섞어 파
  낸 속을 반씩 채운다.

3 한쪽은 위에 방울토마토를 줄지어 올리고, 다른 쪽은 가운데에 구멍을
  내서 달걀 1개를 깨 넣는다.

4 방울토마토 위에 올리브 오일과 타임을 올린다.

5 180℃로 예열한 오븐에 주키니를 15~20분 굽는다.

6 노릇하게 구워지면 꺼내서 통후추를 갈아 올리고 채 친 파르메산 치즈,
  구운 잣, 다진 파슬리를 뿌려 낸다.

Hint 주키니가 두꺼우면 먼저 10분간 구운 다음 속을 채워 굽는다. 주키니 속에 볼로네제 소스와
     치즈만 뿌려 굽거나 빵가루와 치즈를 섞어 구워도 맛있다. 따뜻하게 먹어도 맛있고 식혀서
     샐러드처럼 먹어도 좋다.

셀러리악과 콜리플라워 통구이

[🌡 180℃ | 🕐 90~120min]

셀러리악(celeriac)은 셀러리의 뿌리 부분을 식용으로 통통하게 키운 식재료다.
향이 나는 둥그런 무 같다고나 할까. 특유의 향이 있고 셀러리와 마찬가지로
섬유질과 비타민 B₉이 풍부해 여러모로 권하고 싶은 채소다.
셀러리악은 프랑스 슈퍼마켓에 가면 샐러드 코너에 당근과 함께 곱게 채 친 형태로
나와 있는데 이제 국내에서도 판매한다. 셀러리악과 콜리플라워를 통으로 구우면
채소즙도 풍부하고 모양도 근사하다.

Ready

셀러리악·콜리플라워 1개씩, 올리브 오일 적당량, 소금·통후추 약간씩
드레싱 적당량(그릭 요구르트 4~5큰술, 바질 페스토 1큰술)

Cooking

1 셀러리악은 껍질을 솔로 잘 씻고, 콜리플라워도 꼭지 끝을 약간 잘라내
   지저분한 잎을 정리해 씻는다.

2 분량의 재료를 모두 섞어 드레싱을 만든다.

3 셀러리악에 올리브 오일을 바르고 소금, 통후추 간 것을 뿌린다.

4 오븐 트레이에 종이 포일을 깔고 ③을 올려 180℃로 예열된 오븐에 1시간
   정도 굽는다. 이때 중간중간 오일을 바른다.

5 콜리플라워에 올리브 오일을 바르고 소금, 통후추 간 것을 뿌려 ④의 오
   븐에 넣는다. 크기에 따라 30분~1시간 더 굽는다.

6 나이프와 함께 통으로 내고, 드레싱을 곁들인다.

Hint 높지 않은 온도로 서서히 구워 잘 익힌다. 셀러리악은 쇠고기 스튜에 넣어도 맛이 잘 어울린다.

쿠킹 클래스 인기 메뉴

PART 4

홈메이드 라자냐의 든든한 맛

[🌡 180℃ | ⏱ 20min]

라자냐는 만인이 사랑하는 오븐 음식인데 생각보다 레스토랑에서
맛있게 먹은 기억이 별로 없다. 신선한 고기와 토마토, 모차렐라 치즈 이 세 가지면
맛있는 홈메이드 라자냐가 완성된다. 아이들이 많거나 손님이 여럿인 날,
커다란 오븐 그릇에 라자냐 한 판 구워내면 모든 이가 든든하게 즐길 수 있다.

Ready

라자냐 8장, 굵은소금 1작은술, 다진 쇠고기 300g, 다진 돼지고기 100g(생략 가능),
양파(중간 크기) 1개, 시금치 한 줌, 홀토마토 캔 400g, 생크림 3~4큰술, 모차렐라 치즈
1컵, 올리브 오일·타임(또는 오레가노) 가루·바질 가루·파슬리 가루·소금·통후추 약간씩

Cooking

1 끓는 물에 굵은소금을 넣고 라쟈냐를 1장씩 엇갈리게 넣은 후 포장에 표
   기된 시간만큼 삶는다. 삶은 면에 올리브 오일을 바르면 달라붙지 않는다.

2 양파는 다지고, 시금치는 다듬어 씻어둔다.

3 팬을 달군 후 중간 불로 낮춰 올리브 오일을 두르고 양파를 볶다가 다진
   쇠고기와 돼지고기를 넣는다. 숟가락으로 살살 풀어가며 볶다가 소금,
   통후추 간 것, 타임 가루를 뿌린다.

4 고기가 익으면 홀토마토를 넣고 숟가락으로 툭툭 잘라가며 젓다가 끓기
   시작하면 토마토 국물과 소금, 바질 가루를 넣는다. 끓기 시작하면 4~5분
   살짝 졸인다.

5 ④의 뜨거운 토마토소스 속에 시금치를 살짝 넣었다가 꺼내 숨을 죽인다.

6 오븐 그릇에 오일을 살짝 두르고 라자냐→소스→생크림→시금치→모차
   렐라 치즈 순으로 층층이 쌓는다. 시금치를 몇 장 남겨 마지막에 모차렐
   라 치즈를 올린 뒤 시금치를 올린다.

7 180℃로 예열한 오븐에 20분 정도 구워 치즈가 황금색이 되면 꺼내 통후
   추 간 것과 파슬리 가루를 뿌려 낸다.

Hint 라자냐를 삶을 때 가로, 세로로 엇갈리게 넣으면 여러 장을 동시에 삶아도 들러붙지 않는다.
     취향에 따라 당근이나 셀러리를 소스에 다져 넣어도 된다.

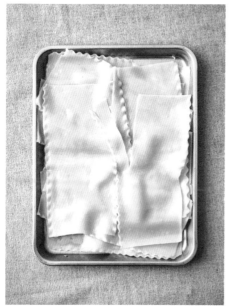

생크림은 숟가락으로 한 바퀴 돌리듯
살짝 뿌린다. 소스 위에 생크림을 올리면
토마토소스의 신맛이 부드러워진다.

마지막에 모차렐라 치즈 위에
시금치를 올리면 라자냐를 구웠을 때
초록빛이 보여서 예쁘다.

파스타 남았을 때, 크림소스 그라탱

[🌡 180℃ ┊ ⏱ 20min]

파스타 그라탱은 삶아놓은 파스타가 남았을 때
토마토소스나 크림소스를 넣고 치즈를 듬뿍 얹어 구워 먹는 일품요리다.
찬밥을 치우느라 볶음밥을 했는데, 그 볶음밥이 너무 맛있을 때가 있지 않은가.
파스타 그라탱이 딱 그런 요리다. 볶음밥처럼 남은 채소나 고기가 있으면
무엇이든 활용할 수 있는 마법의 메뉴.

Ready

시금치 파스타·스파게티니 200g씩, 방울토마토·방울양배추 1컵씩, 크림소스 2컵(p.19
참조), 파르메산 치즈 1/2컵, 올리브 오일 2큰술, 파슬리 가루·소금·통후추 약간씩

Cooking

1 두 가지 파스타 면은 끓는 물에 소금을 넣고 포장지에 표기된 대로 삶아
   올리브 오일을 섞어둔다.

2 방울토마토와 방울양배추를 씻은 뒤 방울양배추는 반으로 가른다. 물기
   가 남아 있는 방울양배추를 두꺼운 냄비에 물 없이 소금만 약간 넣고 데
   쳐 식힌다.

3 오븐 그릇에 두 가지 파스타를 젓가락으로 말아서 담고 크림소스를 얹은
   뒤 방울토마토와 방울양배추를 올린다.

4 ③에 파르메산 치즈를 갈아 뿌리고 180℃로 예열한 오븐에 20분 정도 굽
   는다.

5 파슬리 가루와 통후추 간 것을 뿌려 낸다.

Hint 치즈를 좋아하면 모차렐라 치즈를 듬뿍 넣고 구워도 좋다. 크림소스가 없다면 생크림에
      치즈를 몇 가지 섞어 끓인 후 소금으로 간해서 사용해도 좋다.

이렇게 맛있다니, 콜리플라워 그라탱

[🌡️ 180℃ | 🕐 25~30min]

프랑스 가정에서 즐겨 먹는 음식으로 30년 전 남편 집에 초대받았을 때 처음 먹어보고
특이한 식감과 크림소스의 고소함에 반했다. 쉽고, 맛있고, 콜리플라워를
듬뿍 먹을 수 있어 나의 쿠킹 클래스 단골 메뉴이자 인기 메뉴다.

Ready

콜리플라워 1송이, 그뤼예르 치즈 간 것 4큰술, 파슬리 가루·소금·통후추 약간씩
크림소스 2컵(밀가루·버터 2큰술씩, 우유·생크림 250ml씩, 소금·통후추 약간씩)

Cooking

1 콜리플라워는 물에 담가 씻어서 굵은 줄기 부분은 잘게 썰고, 꽃 부분은
송이송이 자른다.

2 끓는 물에 소금을 넣고 콜리플라워의 줄기를 먼저 넣어 삶다가 꽃송이
를 넣어 3~4분 데친다. 너무 오래 삶으면 부서지니 주의한다.

3 작은 팬에 약한 불로 버터를 녹인 후 밀가루를 넣어 타지 않게 볶다가 우
유를 조금씩 부으며 젓는다. 살짝 끓인 후 생크림을 넣고 중간 불로 걸쭉
하게 잠시 졸이면서 소금, 통후추 간 것을 뿌려 간한다.

4 오븐 그릇에 크림소스의 반을 붓고, ②의 콜리플라워를 골고루 담은 후
나머지 소스를 붓는다.

5 그뤼예르 치즈를 갈아 넉넉히 뿌린 후 180℃로 예열한 오븐에 25~30분
굽는다. 치즈 표면이 노릇해지면 꺼내 파슬리 가루와 통후추 간 것을 뿌
려 낸다.

Hint 그뤼예르 치즈는 프랑스 그라탱의 전형적인 맛을 내는 치즈로, 프렌치 어니언 수프에 들어가는
바로 그 치즈다.

콜리플라워는 줄기 부분도 먹기 좋은 크기로 잘라 함께
쓴다. 줄기를 먼저 삶다가 꽃송이를 데친다.

크림소스는 그릇 크기에 따라 가감한다.
콜리플라워의 윗부분이 드러날 정도의 양이
적당하다.

집에 있는 치즈 올려서, 주키니 카나페

[🌡 190℃ | ⏱ 30min]

주키니를 구우면 달면서도 쌉싸래한 맛이 나서 매력 있다.
여름에는 노란 주키니도 찾아볼 수 있어 두 가지 컬러를 섞으면 식탁이 산뜻해진다.
애호박은 단맛은 강하지만 과육이 물러, 구워서 조리할 때는 수분 함량이 낮은
주키니가 모양새와 식감이 더 낫다.

Ready (8인분)

초록·노랑 주키니 1개씩, 올리브 오일·리코타 치즈 2큰술씩, 페타 치즈 1큰술, 다진 파슬리
(또는 파슬리 가루)·파르메산 치즈·파프리카 가루·소금·통후추 약간씩

Cooking

1 두 가지 컬러의 주키니를 0.5~0.6cm 두께로 동그랗게 잘라 오븐 트레이나
   오븐용 낮은 접시에 보기 좋게 담는다.

2 주키니에 붓이나 숟가락 뒷면으로 올리브 오일을 골고루 바른다.

3 리코타 치즈, 페타 치즈, 다진 파슬리를 골고루 섞어 주키니 위에 소담하
   게 올린다.

4 190℃로 예열한 오븐에 30분 정도 구워 주키니 가장자리가 부풀어 오르면
   꺼낸다. 파르메산 치즈를 필러로 잘라 올린 후 파프리카 가루와 소금, 통후
   추 간 것을 뿌려 낸다.

Hint 리코타 치즈나 페타 치즈뿐만 아니라 집에 있는 어떤 소프트 치즈라도 올려서 구우면 된다.

식탁의 생기, 토마토 카나페

[🌡 190℃ | ⏱ 15~20min]

요리라고 할 것도 없을 만큼 너무 쉽고 간단한데 참 맛있고 예쁘다.
들어간 시간과 노력에 비해 만족도가 높아 쿠킹 클래스 엄마들이 정말 좋아하는 메뉴다.
초록 파슬리와 빨간 토마토의 색 대비가 싱그러움을 더한다.

Ready
토마토 4개, 올리브 오일 2큰술, 타임 가루·로즈메리 가루·이탤리언 파슬리·파르메산 치즈·
소금·통후추 약간씩

Cooking
1 토마토는 1cm 두께의 가로로 자른 뒤 오븐 트레이에 담는다. 이탤리언
   파슬리는 잎만 따서 대강 다진다.
2 토마토에 올리브 오일을 골고루 뿌리고, 허브 가루와 소금, 통후추 간 것
   을 뿌린다.
3 190℃로 예열한 오븐에 15~20분 구운 후 다진 이탤리언 파슬리와 파르
   메산 치즈 간 것을 뿌려 낸다.

Hint 토마토 카나페는 토스트나 갈릭 파우더를 뿌린 샐러드에 곁들여도 맛있다.

바쁜 날 손님 오시면, 연어 통구이

[🌡 190℃ | ⏱ 15~20min]

로스트 비프나 로스트 포크와 마찬가지로 바쁜 날 손님이 오실 때 즐겨 내는 메뉴다.
연어의 아름다운 핑크색 위에 봄바람 불 듯 연둣빛 딜을 살포시 올리고,
핑크 페퍼로 마무리해 내면 짧은 시간에 큰 요리를 해낸 듯 뿌듯하다.

Ready (6인분)

연어(덩어리) 600~800g, 라임·레몬 1개씩, 딜 2~3줄기, 올리브 오일 2큰술, 딜 가루·
핑크 페퍼·케이퍼·케이퍼 프루트·소금·통후추 약간씩
소스(사워크림 1컵, 홀스 래디시 3작은술, 통후추 약간)

Cooking

1 연어는 트레이 크기에 맞춰 자르고, 라임은 슬라이스한다.

2 오븐 트레이에 종이 포일을 깔고 연어를 올린다. 올리브 오일과 딜 가루,
   소금, 통후추 간 것을 고르게 뿌린다.

3 190℃로 예열한 오븐에 15~20분 구운 후 조심스럽게 접시에 옮겨 담는
   다. 라임, 핑크 페퍼를 올린다.

4 분량의 재료를 모두 섞어 소스를 만든다. 구운 연어에 레몬의 즙을 짜서
   뿌리고 케이퍼, 케이퍼 프루트, 딜을 올린 후 소스를 곁들여 낸다.

Hint 라임이나 레몬즙은 먹기 직전에 뿌려야 연어살의 분홍빛이 하얗게 변하지 않는다. 구운
      연어를 접시에 옮길 때는 넓은 뒤집개를 이용하면 수월하다.

비법이 없는 가지 피자

[🌡 190℃ | ⏱ 15min]

나는 가지를 특히나 좋아하는데, 유럽 요리는 가지를 다양하게 활용할 수 있어
즐겁다. 예전에는 주로 가지를 통으로 구워 샐러드로 만들어 먹었지만
시판용 피자 도(dough)를 발견한 후 간편하게 가지 피자를 만들곤 한다.
가지를 팬에 구워서 토마토소스, 모차렐라 치즈와 함께 얹어 구우면 끝이다.
내가 10년간 운영하던 '빌라올리바'에서도 최고 인기 메뉴였다.
단골손님이 쿠킹 클래스에서 이 메뉴를 배우고는 "너무 맛있어서 대단한 비법이
있는 줄 알았는데, 이렇게 간단하다니 허무하다"는 평을 남길 정도였다.

Ready

시판 피자 도(10~12인치) 1장, 가지 1~1 1/2개, 모차렐라 치즈 적당량, 올리브 오일·
파슬리 가루·소금·통후추 약간씩
토마토소스(홀토마토 캔의 홀토마토 3~4알, 바질 가루·소금 1/4작은술씩)

Cooking

1 달군 팬에 올리브 오일을 두르고 홀토마토를 숟가락으로 끊어가며 볶다
   가 바질 가루와 소금을 넣어 토마토소스를 만든다.

2 가지는 0.5~0.6cm 두께로 어슷하게 썬다. 달군 팬에 올리브 오일을 두르
   고 가지를 중간 불에 앞뒤로 노릇하게 굽는다.

3 피자 도 위에 토마토소스를 고르게 펴 바르고, 구운 가지를 올린 다음
   소금을 살짝 뿌리고 모차렐라 치즈를 듬뿍 올린다.

4 190℃로 예열한 오븐에 15분 정도 구워 치즈가 노릇해지면 파슬리 가루
   와 통후추 간 것을 뿌려 낸다.

Hint 여기 소개한 토마토소스는 간단 버전으로 언제든 바로 만들어 쓰기 좋다. 볶지 않고 그대로
      발라 구워도 된다.

클래식 키슈 로렌

[🌡 180℃ | 🕐 10~15min + 50min]

키슈 로렌(quiche Lorraine)은 프랑스 로렌 지방의 전통 음식이다.
버터 반죽의 타르트와 고기, 치즈의 고소한 냄새는 프랑스인에게 가히 엄마의 냄새,
훈훈한 가정의 냄새라 할 수 있다. 타르트 반죽에 고기, 채소, 달걀, 크림, 치즈를 넣어
오븐에 굽는 요리인데, 구워지는 냄새만 맡고 있어도 배가 든든해지는 느낌이다.

Ready (6~8인분)

삼겹살(또는 잠봉, 베이컨) 200g, 양파 1개, 달걀 3~4개, 생크림 1컵, 우유 1/2컵, 그뤼예르
치즈 간 것 1컵, 파르메산 치즈 가루 1/2컵, 올리브 오일·소금·통후추·파슬리 가루 약간씩
타르트 반죽(박력분 175g, 버터 100g, 얼음물 4~5큰술)
타르트 틀(지름 22cm)

Cooking

1 타르트 반죽 재료의 버터는 잘게 자른다. 박력분과 버터를 섞고, 얼음물
  을 조금씩 넣어가며 반죽을 만들어 냉장고에 20~30분 넣어둔다.

2 냉장고에서 꺼낸 반죽은 실온에 10분 정도 두었다가 밀대로 0.3cm 두께
  로 민다. 타르트 틀에 오일이나 버터를 살짝 바른 후 반죽이 가장자리로
  조금씩 나오도록 잘 맞추고 틀 가장자리의 여분은 잘라낸다.

3 반죽 중간중간에 포크로 구멍을 내고, 180℃로 예열한 오븐에 10~15분
  굽는다.

4 양파는 잘게 잘라서 올리브 오일에 살짝 볶는다.

5 삼겹살은 1cm 정도 폭으로 잘라서 달군 팬에 중간 불로 볶은 후 소금, 통
  후추 간 것을 뿌린다.

6 볼에 달걀을 풀고, 볶은 양파와 삼겹살, 생크림, 우유, 파르메산 치즈 가
  루를 넣어 골고루 섞는다.

7 ③의 파이 틀에 ⑥을 담고 그뤼예르 치즈를 갈아 듬뿍 올린다.

8 180℃로 예열한 오븐에 50분 정도 구워 윗부분이 황금빛을 띠면 꺼내 파
  슬리 가루를 뿌려 낸다.

타르트 반죽 중간중간에 포크로 구멍을
내 부풀어 오르는 것을 방지한다.

그뤼예르 치즈를 듬뿍 갈아 올린다.

양파, 달걀, 고기, 치즈를 넣은
키슈는 한 끼 식사로 든든하다.

양송이 폴렌타 그라탱

[🌡 190℃ ┃ ⏱ 30min]

어린 시절, 양식 요리에도 조예가 깊던 엄마가 옥수수 가루로 각종 빵이나
갈레트를 간식으로 해주셔서인지 나는 옥수수가 주재료인 폴렌타를 좋아한다.
특히 양송이와 폴렌타로 만든 그라탱은 고소한 폴렌타의 맛, 진한 치즈 냄새,
향긋한 양송이의 향 세 가지가 조화롭다.

Ready

폴렌타(옥수수 가루) 200g, 소금 1작은술, 올리브 오일 2큰술, 양송이 300g, 크림소스
2컵(p.19 참조), 그뤼예르 치즈 1/2컵, 다진 파슬리 4큰술, 통후추 약간씩

Cooking

1 끓는 물 2컵에 폴렌타와 소금 1작은술을 넣고 10분 정도 끓인 후 5분 정
  도 뜸을 들이고 나서 올리브 오일 2큰술 정도를 넣어 살살 섞는다.

2 양송이는 젖은 종이 타월로 닦아 기둥째 0.3cm 두께로 썬다. 파슬리는
  잎만 따서 다진다.

3 달군 팬에 올리브 오일을 살짝 두르고 양송이를 중간 불에 앞뒤로 구워
  소금, 통후추 간 것을 뿌린다.

4 오븐 용기에 크림소스의 반을 펴 담고, ①의 폴렌타를 고르게 펼쳐 얹는다.

5 구운 양송이를 골고루 올린 뒤 다진 파슬리의 반을 뿌린다.

6 ⑤에 나머지 크림소스를 담고, 그뤼예르 치즈를 듬뿍 올려 190℃로 예열
  한 오븐에 30분 정도 굽는다.

7 표면이 황금빛으로 익으면 꺼내서 남은 파슬리를 올리고 통후추를 갈아
  뿌려 마무리한다.

Hint 양송이는 구울 때 소금을 뿌리면 물기가 생기니 구운 후에 뿌린다.

크림소스는 폴렌타를 덮을 정도로
충분히 넣는다.

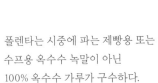

폴렌타는 시중에 파는 제빵용 또는
수프용 옥수수 녹말이 아닌
100% 옥수수 가루가 구수하다.

양송이는 팬에서 한 번 볶아 올려야 더 맛있다.

즐거운 브런치

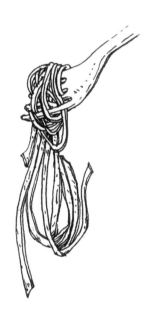

연어 브로콜리 키슈

[🌡 180℃ | ⏱ 10min + 50min]

타르트 반죽을 해야 하기 때문에 수고가 좀 들어가는 요리지만
오븐에서 나오는 순간 가족들의 표정이 기억나 자꾸 만들고 싶어지는 메뉴다.
연어를 좋아하는 아들을 위해 아들 생일이나 크리스마스에 주로 만든다.

Ready

연어 100g, 브로콜리 8~9송이, 양파·파프리카 1/2개씩, 달걀 2개, 생크림 150ml,
파르메산 치즈 가루·올리브 오일 2큰술씩, 타임 가루·소금·통후추 약간씩
반죽(강력분·박력분·버터 100g씩, 달걀 1개, 찬물 50ml, 소금·설탕 약간씩)
타르트 틀(지름 18cm)

Cooking

1 타르트 반죽 재료의 버터를 작게 자르고, 나머지 반죽 재료와 모두 섞어
   반죽한다. 타르트 틀에 모양을 잡아 반죽을 깔고 포크로 찔러 작은 구멍
   을 만든다. 버터를 잘게 썰면 반죽이 좀 더 쉽다.

2 180℃로 예열한 오븐에 10분 정도 구워 식혀둔다.

3 양파와 파프리카는 가로세로 1cm 정도로 썰어 달군 팬에 올리브 오일을
   두르고 중간 불에 볶은 후 소금과 통후추 간 것, 타임 가루를 뿌린다.

4 브로콜리는 씻어서 한 입 크기로 자른 후 두꺼운 냄비에 물 없이 살짝 데
   친다. 연어도 한 입 크기로 썰어둔다.

5 볼에 달걀을 풀고 생크림과 파르메산 치즈 가루, ③, ④를 넣고 섞는다.
   치즈의 양에 따라 간이 달라지므로 치즈의 양은 취향대로 조절한다.

6 구워둔 ②의 타르트 틀에 ⑤를 붓고, 180℃로 예열한 오븐에 50분 정도
   굽는다.

7 표면이 황금빛으로 노릇해지면 꺼내서 식힌 후 잘라서 낸다.

Hint 타르트 틀이 깊으면 온도를 조금 낮춰 170℃에서 10~15분 정도 더 굽는다.

감자채 키슈

[🌡 180℃ | ⏱ 40min]

라페(râpé)는 프랑스어로 곱게 채를 썬다는 표현이다. 당근 라페는 샐러드에 이용하고,
치즈 라페는 그라탱에 얹는 등 프랑스 요리에 많이 등장한다.
키슈는 보통 타르트 반죽에 넣어 만들지만 나는 타르트 반죽 없이 감자채 키슈를 만든다.
번거로운 타르트 반죽이 없어서 간편하게 만들 수 있다. 슬라이스한 감자 그라탱이
부드럽다면 감자채 키슈는 또 다른 식감이 즐거움을 준다.

Ready

감자(중간 크기) 6개, 양파 1개, 달걀 5개, 생크림 2큰술, 그뤼예르 치즈 150g, 올리브 오일·
버터·파슬리 가루·소금·통후추 약간씩

Cooking

1 감자는 껍질을 벗기고 물에 담근다. 양파는 잘게 썬다.

2 달군 팬에 올리브 오일을 두르고 중간 불로 양파를 볶은 후 소금, 통후추
   간 것을 뿌린다.

3 볼에 달걀을 풀고 생크림, 볶은 양파, 그뤼예르 치즈 간 것, 소금, 통후추
   간 것을 넣어 섞는다.

4 오븐 그릇에 버터를 골고루 바른 후 ③의 재료를 담는다.

5 감자를 가는 채칼로 채 쳐 ④에 담는다. 이때 감자채가 달걀물보다 살짝
   올라와야 완성했을 때 더 먹음직스럽다.

6 180℃로 예열한 오븐에 40분 정도 구워 표면이 노릇할 때 꺼내 파슬리
   가루와 통후추 간 것을 뿌린다.

Hint 감자는 미리 썰면 갈변하므로 껍질을 벗겨 물에 담갔다가 다른 준비가 끝난 다음에 바로 채
      썰어 오븐에 넣는다.

자투리 채소 소시지 그라탱

[🌡 180℃ | ⏱ 15~20min]

냉장고에 애매하게 남은 채소와 소시지를 활용한 주말 메뉴다.
볼에 달걀을 풀고 우유, 생크림, 그릭 요구르트 등 냉장고에 남은 유제품을
모두 넣은 다음 자투리 채소들과 섞어 오믈렛을 만들면 버리는 것 없이
냉장고를 비웠다는 개운함과 주말 아침 가족들을 든든히 먹인 기쁨으로 뿌듯해진다.

Ready

소시지 2개, 사워크림 적당량, 비트·브로콜리·당근 등 자투리 채소 약간씩
소스(사워크림 2큰술, 우유·생크림 1/2컵씩, 달걀 2개)

Cooking

1 소시지는 끓는 물에 데쳐놓는다.

2 각종 채소는 씻어서 한 입 크기로 썰어 뚜꺼운 냄비에 물 없이 살짝 익힌다.

3 볼에 달걀을 풀고 나머지 소스 재료를 모두 넣어 섞는다.

4 오븐용 팬에 소스를 담고 소시지와 채소를 골고루 담아 180℃로 예열한
   오븐에 15~20분 굽는다. 사워크림을 곁들여 낸다.

채소는 씻어서 물기가 있는 채로
두꺼운 냄비에 넣어
물 없이 익힌다.

달걀물에 우유와 생크림을 함께 넣으면
진하고 고소하다.

그린 페스토를 곁들인 미니 크루아상

[🌡 180℃ | ⏱ 4~5min]

나는 장을 많이 봐서 냉장고를 가득 채워두기보다 그때그때 신선한 재료를 사서
빨리 소비하는 편을 좋아한다. 요리의 생명은 재료의 신선도가 좌우하기 때문이다.
단 한 가지 예외가 있으니 바로 미니 크루아상. 미니 크루아상은 넉넉히 사서
냉동실에 넣어두고 먹는 것을 좋아한다. 오븐에 후딱 데워 버터와 잼을 얹어 먹으면
간단한 아침 식사가 되고, 잠봉과 치즈만 있으면 든든한 샌드위치가 된다.
그린 페스토를 곁들여 오븐에 구우면 브런치나 와인 안주로도 두루 좋다.

Ready

미니 크루아상 8개
그린 페스토(페타 치즈·리코타 치즈 2큰술씩, 바질 페스토 1큰술)

Cooking

1 분량의 재료를 섞어 그린 페스토를 만든다.

2 미니 크루아상에 가로 방향으로 조심스럽게 칼집을 넣어 그린 페스토로
   속을 채운다.

3 납작한 접시나 오븐 트레이에 담아 180℃로 예열한 오븐에 4~5분 정도
   굽는다.

Hint 크루아상은 오븐에서 꺼낸 즉시 바로 먹을 때 가장 맛있으므로 먹기 직전에 굽는다.

땅콩호박 베이크

[🌡 190℃ | ⏱ 60min + 20min]

몇 년 전 여름, 뉴욕 고모 집에 머물 때 이웃 할머니가 점심 초대를 했다.
그날 너무 맛있게 먹어서 기억해두었다가 두고두고 자주 해 먹는 음식이
바로 땅콩호박 베이크다. 영어로 버터넛 스쿼시(butternut squash)라고 하는 땅콩호박은
우리나라에서는 아직 생소하지만 여름이면 대형 마트에서 종종 볼 수 있다.
우리의 단호박이나 늙은 호박보다는 단맛이 덜하지만 버터처럼 고소한 맛이 나면서
호박 특유의 향이 적어 치즈와 함께 조리하면 좋다. 귀여운 모양 덕에 재료 자체를
그릇으로 활용하면 식탁에 즐거운 표정을 더해준다.

Ready

땅콩호박 2개, 그릭 요구르트(사워크림으로 대체 가능)·파르메산 치즈 가루 1컵씩,
올리브 오일 2큰술, 그뤼예르 치즈 적당량, 소금·통후추 약간씩

Cooking

1 땅콩호박은 세로로 반을 갈라 숟가락으로 씨를 파낸다.

2 오븐 트레이에 종이 포일을 깔고 호박을 담은 후 위에 올리브 오일을 바른다.

3 190℃로 예열한 오븐에 땅콩호박을 넣고 1시간 정도 표면에 황금빛이 나도록 굽는다.

4 잘 익은 호박 속을 숟가락으로 파내어 볼에 담아 으깬다. 그릭 요구르트를 넣고 파르메산 치즈 가루, 소금, 통후추 간 것을 뿌려 골고루 섞는다.

5 속을 파낸 땅콩호박에 ④를 담고 그뤼예르 치즈를 갈아 듬뿍 올린다.

6 190℃로 예열한 오븐에 20분 정도 표면이 노릇하도록 구운 후 통후추를 갈아가며 살짝 뿌리고 따뜻할 때 먹는다.

Hint 미니 단호박을 같은 방법으로 요리해도 된다.

땅콩호박은 오븐에 구워
속을 파낸다.

땅콩호박에 파르메산 치즈 가루,
그릭 요구르트를 넣고 섞는다.

그뤼예르 치즈나 파르메산 치즈를
듬뿍 뿌려 굽는다.

못난이 하드롤

[🌡 180℃ | 🕐 15~20min]

몇 년 전 뉴욕에 머물 때 리처드 기어가 운영하는 레스토랑에 브런치를 먹으러 갔다.
궁금한 메뉴를 이것저것 먹어보았는데 브런치 메뉴들 사이에 가장 돋보이던 것이
이 음식이었다. 평소 하드롤을 그다지 좋아하지 않았는데 푸로슈토와 달걀을 넣어
오븐에서 바로 구워 나온 따뜻한 하드롤은 참 맛있었다.

Ready

하드롤 4개, 프로슈토(또는 잠봉이나 베이컨) 4장, 그릭 요구르트(또는 사워크림이나
크림치즈) 4큰술, 달걀 4개, 타임 1~2줄기, 소금·통후추 약간씩
하드롤 반죽(p.21 참조)

Cooking

1 하드롤은 오브에 구워 식힌 후 윗부분을 3cm 정도 가로로 잘라내고 속
  을 2/3 정도 파낸다.

2 파낸 하드롤 속에 프로슈토를 둥그렇게 돌려 넣고, 그릭 요구르트도 가
  운데를 비우듯 돌려 담은 후 달걀을 깨서 가운데에 살포시 넣는다.

3 180℃로 예열한 오븐에 15~20분 구운 후 타임과 소금, 통후추 간 것을 뿌
  려 낸다.

Hint 시판 하드롤을 이용해도 된다. 하드롤 속을 팔 때는 톱니 칼을 이용하면 수월하다.

하드롤 윗부분을 3cm 정도 잘라
뚜껑을 만든다.

달걀이 넘치지 않도록 양을 조절하며 넣는다.

파전 대신 대파 포카치아

[🌡 180℃ | ⏱ 30min]

포카치아의 부재료는 허브나 올리브, 양파 등인데
한 번은 대파가 많아 포카치아에 얹어보았더니 사람들의 반응이 무척 좋았다.
한국인은 파전에 익숙하고, 고기 먹을 때도 파무침이 빠지지 않으니 대파 피자나
대파 포카치아를 좋아하는 게 당연하지 않나 싶다.

Ready

대파 5~6대, 올리브 오일 3큰술, 파슬리 가루·소금·통후추 약간씩
포카치아(35×20cm) 반죽(강력분 300g, 드라이 이스트 3g, 설탕 2작은술,
소금 1 1/2작은술, 올리브 오일 2큰술, 미지근한 물 150~160ml)

Cooking

1 작은 컵에 미지근한 물 50ml 정도를 담고 이스트와 설탕을 넣어 발효시킨다.

2 강력분을 체에 내리고 소금을 넣는다. ①의 이스트에서 보글보글 거품이 나면 강력분에 살살 섞고 미지근한 물 100ml와 올리브 오일 2큰술을 부어 반죽한다. 뚜껑을 덮고 1시간 정도 발효한다(1차 발효).

3 반죽이 2배 이상 부풀면 두세 번 접어 공기를 뺀 후 동그랗게 성형해 15분 정도 둔다(2차 발효).

4 오븐 트레이에 종이 포일을 깔고 밀가루를 살짝 뿌린 후 반죽을 올려 두께 1~1.2cm 정도의 직사각형 모양이 되게 손으로 편다.

5 반죽에서 1.5cm 정도 떨어진 가장자리를 따라 올리브 오일 3큰술을 두르고 손가락으로 골고루 누르면서 민다.

6 대파는 씻어서 반죽 크기에 맞춰 잘라 달군 팬에 올리브 오일을 약간 두르고 중간 불에 앞뒤로 살짝 굽는다.

7 ⑤에 구운 대파를 가지런히 올리고 파슬리 가루, 소금, 통후추 간 것을 뿌린 다음 180℃로 예열한 오븐에 30분 정도 굽는다.

Hint 밀대 없이 손으로 반죽을 펴면 모양이 자연스럽다. 대파 포카치아 위에 올리브 스프레드나 파르메산 치즈를 뿌려도 풍미가 좋다.

올리브 오일을 듬뿍 둘러 손끝으로
꾹꾹 누르며 밀면 부드럽고 멋스러운
포카치아가 된다.

대파는 팬에 구워 올리면 단맛이 올라가서 더
맛있다.

짜거나 달거나, 오븐 팬케이크

[🌡️ 190℃ | ⏱️ 12~15min]

더치 베이비 팬케이크라고도 부르는 오븐 팬케이크다.
팬케이크는 대개 달콤한 시럽이나 꿀과 과일을 많이 곁들이는데,
나는 프랑스의 크레이프(crêpe)처럼 치즈와 잠봉을 곁들여 짭짤한 맛의
식사 음식으로 내기도 한다.

Ready (2인분)

달걀 2개, 우유·중력분 1/2컵씩, 버터 2큰술, 설탕 2큰술(생략 가능), 블루베리·버터·
슈거 파우더·소금 약간씩

Cooking

1 달걀은 거품기로 풀고, 중력분은 체에 내린다.

2 ①에 우유와 버터 2큰술, 설탕, 소금을 넣고 넣고 휘퍼로 잘 섞는다. 믹서
   를 이용해도 된다.

3 오븐용 작은 팬에 버터를 골고루 바르고, 반죽을 부어 190℃로 예열한
   오븐에 12~15분 굽는다.

4 블루베리와 버터 조각을 올리고, 슈거 파우더를 뿌려 낸다.

Hint 좀 더 달콤하게 먹고 싶으면 꿀, 바나나, 블루베리, 딸기, 너트 등을 함께 준비하고, 식사
     대용으로 낼 때는 에멘탈 치즈나 파르메산 치즈, 잠봉 등의 짠맛 재료를 곁들인다.

오븐으로
지중해 요리

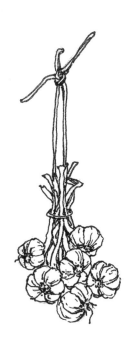

PART 6

타타 니네트의 토마토 팍시

[🌡 180℃ ⏐ 🕐 20~25min]

타타(tata)는 아이들 말로 이모, 숙모를 뜻한다. 니네트 시이모님은 요리 솜씨가
뛰어난 분이다. 특히 남프랑스의 칸과 스페인 국경 부근 비아리츠(Biarritz)의 집에서
1년의 반을 보내기 때문에 프로방스 지방의 요리부터 바스크 지방 음식에 이르기까지
다루는 재료와 메뉴의 폭이 넓다. 토마토 팍시는 아들이 "엄마! 니네트 팍시
넘 맛있어요!"라고 하는 말에 배워서 해주었는데 그 맛을 100% 재현하지는 못한다.
한식이나 프랑스 음식이나 연륜과 손맛이 가장 중요한 모양이다.

Ready

토마토(중간 크기) 4개, 올리브 오일·통후추 약간씩
소(양파 1개, 마늘 1쪽, 주키니(또는 애호박) 1/8개, 소시지·달걀 1개씩, 빵가루·파르메산
치즈 가루 2큰술씩, 파슬리 가루·타임 가루·올리브 오일·소금·통후추 약간씩)

Cooking

1   토마토는 꼭지 부분을 가로로 1~1.5cm 두께로 잘라 뚜껑처럼 이용한다.

2   토마토 속을 작은 숟가락으로 반 정도 파낸다.

3   양파와 마늘, 주키니, 소시지는 모두 다진다.

4   달군 팬에 올리브 오일을 두르고 양파와 마늘을 중간 불에 볶아 소금, 통
    후추 간 것을 뿌린다.

5   ④와 주키니, 소시지, 나머지 소 재료를 모두 볼에 넣고 섞는다.

6   속을 파낸 토마토에 올리브 오일을 바르고 ⑤의 소가 도톰하게 올라오도
    록 담는다. 이때 윗부분에 다진 주키니가 보이도록 하면 컬러가 예쁘다.

7   오븐 그릇에 ⑥의 토마토를 담고, 뚜껑으로 쓸 꼭지 부분은 다른 용기에
    담아 온도가 조금 낮은 오븐 하단에서 굽는다. 뚜껑이 얇아서 더 빨리 구
    워지기 때문이다.

8   180℃로 예열한 오븐에 20~25분 정도 노릇하게 구운 후, 통후추를 갈아
    뿌려 마무리한다.

Hint 토마토는 크기가 비슷한 것을 골라야 익는 시간과 담음새가 좋다.

프로방스 스타일 다섯 가지 모둠 팍시

[🌡 180℃ | ⏱ 40min]

팍시(farci)는 채소의 속을 파내고 소를 채운 음식이다. 남프랑스를 비롯한 지중해 지역에서 즐겨 먹는 요리 중 하나다. 껍질을 그릇처럼 쓸 수 있는 채소의 종류도 다양하고, 소의 변화도 무궁무진하다. 취향에 따라 새우나 고기, 소시지, 베이컨 등을 넣어도 되는데, 나는 건강과 포만감을 위해 두부도 자주 넣는다. 오븐에 구워 채소의 단맛이 올라오고, 한 번에 많은 양의 채소 섭취가 가능해서 어디서든 환영받는 메뉴다.

Ready

토마토(작은 것) 2개, 양파·노랑 파프리카·가지·주키니(작은 것) 1개씩, 타임 가루·
파슬리 가루·올리브 오일·소금·통후추 약간씩
소(닭가슴살 2쪽, 빵가루 2큰술, 파르메산 치즈 가루 1큰술, 달걀 2개, 올리브 오일 1큰술,
소금 1작은술, 타임 가루·통후추 약간씩)

Cooking

1 토마토는 꼭지 부분을 1cm 정도 잘라내고 속을 반 정도 파낸다.

2 양파와 파프리카도 꼭지 부분을 1.5cm 두께로 자르고 속을 파낸다. 양파
   속은 톱니 칼로 파낸다.

3 가지와 주키니는 도마 위에 올려놓고 2/3 정도 되는 지점까지 조심스럽게
   세로로 가른 다음 작은 숟가락으로 속을 반 정도 파낸다.

4 닭가슴살을 다져서 올리브 오일 1큰술과 소금, 타임 가루, 통후추 간 것
   을 넣고 버무린다.

5 가지, 주키니, 양파, 파프리카 속은 잘게 다져서 올리브 오일을 두른 팬에
   살짝 볶아 빵가루, 파르메산 치즈 가루, 달걀을 넣고 섞은 후 ④를 넣어
   골고루 섞는다.

6 속을 파낸 다섯 가지 채소 껍질 안에 올리브 오일을 살짝 뿌리고, 가지와
   주키니 안에는 소금도 살짝 뿌린다.

7 준비한 ⑤의 소를 ⑥에 수북이 담고, 오븐 그릇에 보기 좋게 올린 뒤 올
   리브 오일을 살짝 뿌린다.

8 180℃로 예열한 오븐에 40분 정도 노릇하게 구운 다음 타임 가루와 파
   슬리 가루를 뿌리고 통후추를 갈아 올린다.

Hint 남은 소는 냉동 보관해두고 필요할 때 사용한다.

마르 데 프라데스 알바리뇨 아틀란티코(Mar de Frades Alabariño Atlantico) 스페인의 100% 알바리뇨 품종 화이트 와인. 바다 내음과 신선한 과일 향아 매력적이고, 마시기 좋은 온도 8~10℃가 되면 병에 숨어 있던 작은 요트가 나타나는 깜찍한 와인이다.

문어 통구이

[🌡 190℃ | ⏱ 30min]

남프랑스를 여행하다 보면 레스토랑에 진열된 문어를 종종 볼 수 있다.
그럴 때면 어릴 때 제사상에서 보던 문어의 추억이 떠오르곤 한다.
문어는 오븐에 구워 레몬을 듬뿍 뿌려 먹으면 부드러움에 쫀득한 식감이 더해져
특별하다. 화이트 와인 안주로 이만한 것이 없다.

Ready

데친 문어 1마리, 올리브 오일 4~5큰술, 레몬 1개, 이탤리언 파슬리 4~5줄기, 타임 가루·
오레가노 가루·딜 가루, 통후추 약간씩

Cooking

1 오븐 트레이에 문어를 잘 펼쳐 담은 후 올리브 오일을 골고루 넉넉히 바른다.

2 레몬을 반으로 갈라 손으로 즙을 짜며 듬뿍 뿌린다.

3 타임·오레가노·딜 가루도 골고루 살살 뿌린다.

4 190℃로 예열한 오븐에 30분 정도 구워 윗면이 노릇해지면 꺼낸 후 통후추 간 것과 이탤리언 파슬리를 뿌리고, 즙을 짠 레몬을 곁들여 낸다.

Hint 데친 문어를 사서 쓰면 일이 쉽다. 문어의 크기에 따라 오븐 시간을 조절한다.

코르시카의 금태구이

[🌡 180℃ ｜ ⏱ 25~30min]

오래전 코르시카를 여행한 적이 있다. 워낙 생선을 좋아해서 거의 매일
생선 요리를 먹었는데, 그중에 가장 기억에 남는 메뉴가 유서 깊은 작은 레스토랑에서
먹은 금태구이다. 아무런 기교 없이 테라코타 그릇에 담아 토마토와 레몬만 곁들여
오븐에 구웠는데 어찌나 달고 맛있던지! 그 후에도 가을, 겨울에 기름기 한창 오른
금태만 보면 그 맛이 생각나서 테라코타 그릇에 금태를 굽는다.

Ready

금태 4~5마리, 방울토마토 1컵, 레몬 1~2개, 올리브 오일 4~5큰술, 타임 1~2줄기, 딜 가루·
타임·소금·통후추 약간씩

Cooking

1 금태는 내장과 비늘을 깨끗이 손질해 물기를 잘 빼둔다. 축축한 느낌이
   있으면 종이 타월로 물기를 최대한 제거한다.

2 잘 손질한 금태를 오븐 그릇에 보기 좋게 담은 후 올리브 오일과 딜 가루,
   소금, 통후추 간 것을 뿌리고 방울토마토를 곁들인다.

3 레몬 1개의 즙을 짜서 ② 위에 골고루 뿌린다.

4 180℃로 예열한 오븐에 25~30분 구운 뒤 타임을 올린다. 나머지 레몬을
   잘라 곁들여 내 먹기 직전 뿌려서 먹는다.

쿠스쿠스 베이크

[🌡 180℃ ㅣ ⏱ 30min]

좁쌀 모양의 파스타 쿠스쿠스는 본래 북아프리카 베르베르족이
전통적으로 애용하던 식재료다. 지중해 지역은 물론 유럽 전역에서 친근한 음식이다.
나는 쿠스쿠스를 좋아해서 다양한 방법으로 식탁에 응용하는데, 한번은 너무 많이
삶아 쿠스쿠스가 남게 되었다. 그래서 우유와 달걀, 치즈를 넣고 구웠더니 그럴 듯해
다양한 재료를 넣은 쿠스쿠스 베이크가 우리 집 메뉴로 정착했다.

Ready

쿠스쿠스 1컵, 소금·강황 가루 1/2작은술씩, 올리브 오일 1큰술, 당근 1/2개, 방울토마토
8~10개, 시금치 4~5개, 주키니 1/4개, 선드라이드 토마토 4~5개, 달걀 2개, 생크림 1컵,
파르메산 치즈 가루 1큰술, 통후추 약간씩
케이크 틀(10cm 3개 또는 20cm 1개)

Cooking

1 쿠스쿠스와 같은 양의 끓는 물에 쿠스쿠스를 넣고 강황 가루와 소금 1/2
   작은술씩을 넣어 끓인다. 한소끔 끓으면 불을 끄고 5분 정도 뜸을 들인
   후 올리브 오일을 1큰술 넣고 살살 비빈다.

2 당근은 손톱 크기로 잘게 잘라 올리브 오일을 약간 두른 팬에 살짝 볶는다.

3 방울토마토는 길이로 4등분하고, 시금치는 2cm 폭으로 자른다. 주키니
   는 0.2~0.3cm 두께로 반달썰기하고, 선드라이드 토마토는 잘게 썬다.

4 볼에 달걀을 넣고 잘 풀어준 후 생크림과 파르메산 치즈 가루, ①, ②, ③,
   소금 약간을 넣고 골고루 섞는다. 이때 채소 중 일부를 장식용으로 남겨
   둔다.

5 케이크 틀에 올리브 오일(또는 버터)을 바르고 ④의 반죽을 담는다. 커
   다란 틀 하나에 담아도 되지만, 작은 틀 여러 개에 각각 담아도 좋다.
   ④에서 남겨둔 재료로 윗부분을 장식한다.

6 180℃로 예열한 오븐에 30분 정도 구운 후 식혀서 꺼내 잘라 먹는다.

Hint 달콤한 맛과 짭짤한 맛 두 가지로 만들 수 있다. 이 레시피는 짭짤한 맛이고, 달콤한 맛으로
      만들려면 반죽에 소금 대신 설탕을 넣는다.

프로방스풍 오색채소구이

[🌡 180℃ | ⏱ 20~25min]

지중해 지역 사람들이 장수하는 이유가 햇볕을 많이 받고
채소를 많이 섭취하기 때문이라고 한다. 프랑스 남부 지방을 여행하다 보면
오색 컬러의 채소 요리가 즐비하다. 평소 다섯 가지 컬러의 채소를 골고루
요리해본다. 무궁무진한 채소들과 함께!

Ready

주키니·노랑 주키니·가지·당근·비트 1개씩, 토마토소스 2컵(p.19참조), 올리브 오일·
다진 파슬리 2큰술씩, 타임 가루·소금·통후추 약간씩

Cooking

1 채소는 씻어서 물기를 빼고 꼭지를 자른 후 주키니와 가지는 0.5cm 두께
   로 어슷썰기하고, 당근과 비트는 좀 더 얇게 0.3~0.4cm 두께로 어슷썰
   기한다.

2 오븐 그릇에 토마토소스를 고르게 바르고 썰어둔 채소를 한 줄씩 나란
   히 예쁘게 올린다.

3 채소 위에 올리브 오일을 숟가락 뒷면이나 솔로 골고루 바른 후 타임 가
   루와 소금을 솔솔 뿌린다.

4 180℃로 예열한 오븐에 20~25분 구운 후 다진 파슬리와 통후추 간 것을
   뿌려 낸다.

Hint 채소는 굵기가 비슷한 것을 골라야 담음새가 예쁘다. 오븐 그릇에 색깔별로 줄줄이 담거나
      동그랗게 돌려 연출해도 된다.

양파 피자

[🌡 190℃ | 🕐 10~15min]

피살라디에르(pissaladières)라는 이름으로 불리는 프랑스 남부의 양파 피자는
이탈리아 제노바 지방에서 유래했다고 한다. 나는 이것을 프로방스에 사는 친구
녕(Nhyung)에게 배웠다. 원래 지중해 스타일은 양파를 형태가 흩어질 정도로
캐러멜라이즈하는 것이지만 나는 식감을 살리고 싶어 달군 팬에 양파를 구워
얹는다. '빌라 올리바'에서는 와인 안주로 인기였고, 쿠킹 클래스에서도
남편들이 좋아한다고 환호하던 메뉴다.

Ready

붉은 양파(또는 흰 양파) 1개, 피자 도(p.21 참조), 바질 페스토 2큰술, 올리브 오일
2~3큰술, 파르메산 치즈 적당량, 올리브 8~10개, 안초비 4~5마리, 타임·파슬리
2~3줄기씩, 타임 가루·소금·통후추 약간씩

Cooking

1 피자 도는 밀대로 밀어 동그란 모양이나 네모 모양으로 만든다.

2 오븐 트레이에 종이 포일을 깔고 밀가루를 살짝 뿌린 후 도를 올리고 바
   질 페스토를 골고루 바른다.

3 양파는 반으로 잘라 0.5cm 두께로 슬라이스한다. 파슬리는 다진다.

4 달군 팬에 올리브 오일 2~3큰술을 두르고 중간 불에 양파를 황금빛이 되
   도록 굽듯이 익힌다. 양파에 다진 파슬리와 소금, 통후추 간 것을 뿌린다.

5 ②의 도 위에 볶은 양파를 골고루 올리고, 파르메산 치즈를 그레이터로
   갈아 넉넉히 뿌린다.

6 190℃로 예열한 오븐에 10~15분 구워 치즈가 노릇해지면 꺼낸다. 타임
   가루와 소금, 통후추 간 것을 뿌리고 올리브 오일을 살짝 두른다.

7 올리브, 안초비, 타임을 올리고, 파르메산 치즈를 갈아 뿌려 마무리한다.

Hint 바질 페스토 대신 토마토소스를 써도 된다. 양파는 뒤적이며 볶지 말고 그대로 굽다가
     한 번만 뒤집는다. 소금은 구운 후에 뿌려야 물기가 생기지 않는다.

메리 크리스마스
파티 요리

치킨 통구이

[🌡 170℃ | ⏱ 60min + 30min]

파리의 주택가나 전철역 부근을 걷다 보면 통닭구이 냄새가 나곤 한다.
슈퍼마켓 입구나 작은 동네 식당 입구에서 전기구이 통닭 기계를 놓고 굽는 곳이 많다.
30~40대 시절 한창 밖에서 일을 많이 할 때 자주 만든 메뉴가 통닭구이, 로스트 비프,
로스트 포크다. 간단하게 준비해 오븐에 넣어두기만 하면 저절로 구워지고,
식구들을 배불리 먹일 수 있으니 그 시절에는 이보다 좋을 수 없었다.

Ready

닭(1.2kg 이상) 1마리, 올리브 오일 4큰술, 버터 1큰술, 타임 가루·소금·통후추 약간씩
곁들임 채소(감자·생표고버섯·셜롯 3개씩, 당근 1개)

Cooking

1 닭은 깨끗이 씻어서 날개 끝과 꽁지를 자르고 지방도 가위로 잘라낸다.
목과 목 주변, 껍질 아래 노란 기름 역시 제거한다.

2 올리브 오일 4큰술을 닭 전체에 마사지하듯 골고루 바르고 소금과 통후
추 간 것, 타임 가루를 뿌린다.

3 오븐 트레이에 종이 포일을 깔고 닭의 등이 위로 향하도록 올린 뒤 다리
를 굵은 실로 묶는다.

4 감자는 껍질을 벗겨 통으로 준비하고, 당근은 세로로 길쭉하게 썬다. 셜
롯은 반으로 썬다.

5 170℃로 예열한 오븐에 닭과 감자, 당근을 넣고 1시간 정도 굽는다.

6 고기 굽는 냄새가 나기 시작하면 꺼내서 버터를 골고루 바르고, 나머지 채
소에 올리브 오일을 발라 함께 넣은 후 30분간 황금빛이 나도록 구워 낸다.

Hint 버터와 닭 기름에 구운 채소 맛이 좋으니 채소를 듬뿍 넣을 것.

로제 소스 카넬로니 그라탱

[🌡 180℃ | ⏱ 15~20min]

원래 카넬로니는 원기둥 모양의 파스타지만 나는 라쟈냐를 돌돌 말아
카넬로니처럼 만든다. 카넬로니 같은 원기둥 모양 대신 납작한 군만두처럼
만들어 로제 소스와 함께해도 별미다.

Ready

라쟈냐 4~6장, 굵은소금 1작은술, 토마토소스 2컵(p.19 참조), 생크림 2큰술, 파르메산
치즈 적당량, 고춧잎(또는 바질) 5~6장, 올리브 오일·파슬리 가루·통후추 약간씩
소(리코타 치즈 6큰술, 파르메산 치즈 가루 3큰술, 시금치 한 줌, 소금·통후추 약간씩)

Cooking

1 라쟈냐는 끓는 물에 굵은소금을 넣고 포장지 표기 시간대로 삶아 올리
  브 오일을 바른다.

2 시금치를 잘게 다져 볼에 넣고, 나머지 소 재료를 모두 넣어 골고루 섞는다.

3 라쟈냐 위에 ②의 소를 올리고 둥글게 말아 원통형 카넬로니처럼 만든다.

4 토마토소스와 생크림을 섞어 오븐 그릇에 전체 양의 반을 담는다. ③의
  카넬로니를 올린 후 나머지 소스를 담는다.

5 파르메산 치즈를 갈아 넉넉히 뿌리고, 고춧잎으로 크리스마스트리 모양
  을 만들어 올린다.

6 180℃로 예열한 오븐에 15~20분 굽는다. 노릇하게 구워지면 파슬리 가
  루와 통후추 간 것을 뿌린다.

시금치와 리코타 치즈는
맛도 어울리고 컬러 매치도 좋다.

시금치나 고춧잎, 바질 등
집에 있는 초록잎을 이용해
크리스마스트리를 연출한다.

라자냐 면을 돌돌 말아
원통형 카넬로니처럼 만든다.

바질 페스토를 곁들인 표고버섯 카나페

[🌡 180℃ | ⏱ 15min]

준비 5분, 굽는 데 15분인 너무 간단한 오븐 요리다.
이토록 간단한데 그간 표고버섯에서 느낄 수 없던 쫀득한 맛이 매력적이다.
파티 애피타이저로 내도 좋고, 와인 안주로도 제격이다.

Ready
생표고버섯(큰 것) 8개, 올리브 오일 4큰술, 바질 페스토 2큰술, 파르메산 치즈·
갈릭 파우더·파슬리 가루·통후추 약간씩

Cooking
1 표고버섯은 비슷한 크기로 골라 씻고, 기둥 끝을 살짝 자른다.
2 오븐용 그릇에 ①을 보기 좋게 담고 올리브 오일을 넉넉히 뿌린 뒤, 표고
   버섯 위에 바질 페스토를 올리고 파르메산 치즈를 갈아 뿌린다.
3 180℃로 예열한 오븐에 15분 정도 구워내 파르메산 치즈와 통후추 간 것,
   갈릭 파우더, 파슬리 가루를 뿌린다.

Hint 표고버섯은 구우면 작아지므로 되도록 큰 것으로 준비한다.

흰색과 보라의 대비, 펜넬비트구이

[🌡 190℃ | ⏱ 30~40min]

펜넬은 우리에게 낯선 채소지만 그 특유의 향은 의외로 쿠키나 음료같이
우리에게 익숙한 식품에서 많이 만날 수 있다. 중국요리에 많이 쓰는 오향 중 하나인
회향은 바로 펜넬의 씨를 이용한 향신료다. 구근 채소인 펜넬은 생으로 먹으면
딱딱하지만 구우면 식감이 부드럽고 특유의 향이 은은해지며 단맛이 올라온다.
비트도 구우면 단맛이 나며 쫀득해지기 때문에 나는 이 두 가지를 함께 굽는다.
흰색과 보라색의 색대비도 아름답다.

Ready

펜넬 1개, 비트(중간 크기) 2개, 딜 2~3줄기, 올리브 오일·페타 치즈·파슬리 가루·딜·소금·
통후추 약간씩

Cooking

1 펜넬은 뿌리 쪽의 단단한 부분을 잘라내고, 심지 부분이 3~4cm 정도 되
  는 웨지 형태로 썬다.

2 비트는 솔로 문질러 씻어서 앞뒤 뿌리 부분을 잘라내고 껍질째 웨지 형
  태로 자른다. 비트가 더 단단하므로 펜넬보다 조금 작은 크기로 자른다.

3 오븐 트레이에 종이 포일을 깔고 두 가지 채소를 번갈아 놓은 후 숟가락
  으로 올리브 오일을 살살 바른다.

4 190℃로 예열한 오븐에 30~40분 구워낸다. 소금·통후추 간 것, 파슬리
  가루를 뿌린 다음 딜을 올리고 페타 치즈를 곁들여 낸다.

Hint 펜넬과 비트는 둘 다 단단한 채소라서 굽는 시간이 거의 비슷하다. 허브 가루는 기호에 맞게
     사용한다.

매시트포테이토 컵케이크

[🌡 190℃ | ⏱ 10~15min]

감자로 만드는 메뉴라면 매시트포테이토를 빼놓을 수 없다.
매시트포테이토는 삶은 감자를 으깨 바로 만들어도 맛있지만 오븐에 노릇하게
구우면 색다른 풍미가 있다. 겉은 바삭하고 속은 부드러운 맛.
게다가 미니 케이크처럼 사랑스러워 파티 테이블을 빛낸다.

Ready

감자 8개, 다진 양파·실온 버터 2큰술씩, 다진 잠봉·빵가루 4큰술씩, 달걀 2개, 우유 1큰술,
그뤼예르 치즈·파슬리 가루·올리브 오일·소금·통후추 약간씩
케이크 틀(지름 7cm 6개 또는 지름 22cm 1개)

Cooking

1 감자를 깎아 냄비에 넣고 잠길 만큼의 물과 소금을 넣어 삶는다.

2 다진 양파는 올리브 오일에 살짝 볶아 소금, 통후추 간 것을 뿌린다.

3 삶은 감자를 볼에 담아 뜨거울 때 으깬 후 소금, 통후추 간 것을 넣고 섞는다.

4 으깬 감자에 달걀을 깨 넣고, 볶은 양파와 다진 잠봉, 우유와 빵가루, 버터 2큰술을 넣어 골고루 섞는다.

5 미니 케이크 틀에 버터를 살짝 바르고 ④를 눌러 담는다. 그뤼예르 치즈를 갈아 올리고 파슬리 가루를 뿌린다.

6 190℃로 예열한 오븐에 10~15분 노릇하게 구운 후 식으면 틀에서 뺀다.

감자는 6~8등분해 삶으면
으깨기 쉽다.

감자를 삶아
뜨거울 때 으깬 후
나머지 재료를 넣고
섞는다.

윗부분에 잠봉이 보이도록 올리면
구웠을 때 먹음직스럽다.

소시지 슈크루트

[🌡 170℃ | ⏱ 30~40min]

슈크루트(choucroute)는 소금에 절인 독일식 양배추절임으로
만든 요리다. 프랑스 유학 초기에 '학식'으로 나온 뭔가 익숙한 맛에 허겁지겁 맛있게
먹은 기억이 생생하다. 함께 있던 한국 친구들이 입을 모아 한 말이 "김치찌개랑
비슷해!"였다. 그래서 특히 겨울이면 슈크루트에 감자와 소시지를 듬뿍 넣어 먹곤
했다. '빌라 올리바'의 겨울 스페셜 메뉴이기도 했다.

Ready

사워크라우트 병조림 300g, 소시지 4~6개, 돼지고기 안심 200g, 양파(또는 셜롯)·
당근 1/2개씩, 감자 2~4개, 무 1/4개, 방울양배추 5개, 물(또는 사골 육수) 1컵, 홀그레인
머스터드 1큰술, 강황 가루 1/2작은술, 소금 2작은술, 올리브 오일 적당량, 파슬리 가루·
타임 가루·핑크 페퍼·통후추 약간씩

Cooking

1 소시지는 끓는 물에 데친다.

2 안심은 4등분해 소금, 통후추 간 것을 살짝 뿌린다. 달군 팬에 올리브 오
   일을 두르고 중간 불에서 안심을 굽는다.

3 양파는 채 썰어 달군 팬에 올리브 오일을 두르고 중간 불에 노릇하게 볶
   는다. 방울양배추는 씻어놓는다.

4 감자는 껍질을 깎아 통으로 쓰고, 무와 당근은 감자 크기 정도로 잘라서
   넉넉히 잠길 만큼의 물에 강황 가루와 소금 2작은술을 넣어 같이 삶는다.

5 오븐 그릇에 사워크라우트를 담고, 육수나 물을 부은 다음 소시지, 볶은
   양파, ④의 감자와 당근, 무를 넣고 방울양배추를 보기 좋게 섞어 담는다.

6 170℃로 예열한 오븐에 30~40분간 조리한다.

7 파슬리 가루, 타임 가루, 핑크 페퍼, 통후추 간 것과 소금 약간을 뿌리고,
   홀그레인 머스터드를 함께 낸다.

Hint 고기는 기호에 따라 닭가슴살을 넣어도 좋고, 채소 역시 기호에 따라 가감할 수 있다.

꿀맛, 카망베르치즈구이

[🌡 180℃ | 🕐 20min]

프랑스에서 학교를 졸업하고 디자인 회사에 다니던 시절,
직장 동료가 집들이에 초대했는데 카망베르 치즈를 구워 애피타이저로 내왔다.
이 치즈를 구워 먹기도 한다는 걸 그날 처음 알았다. 최고의 와인 안주.
오븐에 굽기만 하는 것인데 사르르 녹는 치즈의 감촉이 정말 꿀맛이다.

Ready

카망베르 치즈(덩어리) 1개(250g), 타임이나 바질 등의 허브 가루·통후추 약간씩, 캉파뉴
적당량

Cooking

1 치즈 위에 바둑판 모양으로 칼집을 낸다.

2 180℃로 예열한 오븐에 20분 정도 굽는다.

3 통후추를 갈아 뿌리고, 허브 가루도 골고루 뿌린다. 뜨거울 때 캉파뉴를
  곁들여 낸다.

Hint 빵은 바게트나 캉파뉴 종류가 잘 어울린다. 사과나 너트, 말린 과일을 곁들여도 좋다.

노엘 초콜릿 케이크

[🌡170℃ | ⏱40~50min]

초콜릿 케이크는 만들기가 의외로 쉽다. 기본 재료인 박력분, 달걀, 생크림에
초콜릿만 버터와 함께 녹여서 섞어 구우면 완성되니 오븐과 친해지는 데
도움 되는 메뉴가 아닐까 싶다. 나는 부드럽고 고소한 맛을 내기 위해 밀가루 대신
아몬드 가루를 듬뿍 넣는다. 초콜릿 케이크는 호두와도 잘 어울린다.

Ready (6인분)

다크 초콜릿 200g, 버터 150g, 사워크림·각종 과일·견과류 적당량, 슈거 파우더 약간
반죽(박력분 50g, 달걀 4개, 아몬드 가루·설탕 100g씩, 생크림 150ml, 이스트 4g 또는
베이킹파우더 1작은술)
케이크 틀(지름 22cm)

Cooking

1 다크 초콜릿은 버터와 함께 작은 그릇에 담아 오븐에 170℃로 7~8분 녹
   인다. 중탕으로 녹여도 된다.

2 박력분은 체에 내리고 달걀은 곱게 푼다. 볼에 반죽 재료와 녹인 초콜릿
   을 모두 넣고 살살 섞어 15~20분간 그대로 둔다.

3 케이크 틀에 녹인 버터를 붓으로 고루 바르고 ②의 반죽을 붓는다.

4 170℃로 예열한 오븐에 40~50분 굽는다. 젓가락으로 찔러보아 반죽이
   묻어나지 않으면 꺼내 식힌다.

5 슈거 파우더를 예쁘게 뿌리고, 사워크림, 과일, 견과류 등을 따로 곁들인다.

Hint 케이크 틀이 높으면 굽는 시간을 좀 더 길게 한다. 아몬드 가루가 없으면 그만큼의 양을
     박력분으로 대체한다.

빵과 디저트

PART 8

따뜻하면 더 맛있다, 애플 크럼블

[🌡 180℃ | 🕐 30min]

오븐이 익숙하지 않거나 타르트 반죽하기가 부담스럽다면
애플 크럼블부터 시작해보자. 어린 시절 먹던 곰보빵 위에 붙은 부스러기에 해당하는
크럼블을 사과 위에 얹어 굽는 음식이다. 오븐에 넣어두고 식사를 하다 보면
어느새 따끈한 디저트가 완성된다.

Ready
사과 3~4개, 건포도 1큰술, 설탕·버터·시나몬 파우더 약간씩
크럼블 반죽(밀가루·설탕 100g씩, 가염 버터 70~100g)

Cooking
1 버터는 깍두기처럼 자른다. 지퍼 백에 밀가루와 설탕, 가염 버터를 담고
   골고루 섞이게 손가락 끝으로 살살 뭉친다.
2 사과는 껍질을 벗기고 4등분해 0.5cm 두께로 얇게 썬다.
3 오븐 그릇에 버터를 골고루 바르고 사과를 예쁘게 둘러 담는다. 그 위에
   설탕과 시나몬 파우더를 살짝 뿌린다.
4 ③에 ①의 크럼블 반죽을 고르게 얹고 건포도를 올린다.
5 180℃로 예열한 오븐에 30분 정도 굽는다. 표면이 황금빛으로 노릇해지
   면 꺼내 따뜻하게 낸다.

Hint 크럼블 반죽은 힘을 주지 않고 가볍게 뭉치는 게 중요하다. 지퍼 백에 모두 넣고 살살 뭉치면
     간편하다. 나는 버터를 보통보다 조금 적게 넣는 편이다. 무염 버터를 쓸 경우 소금을 한 꼬집
     정도 넣는 것도 좋다.

블루베리 케이크

[🌡 180℃ | 🕐 50min]

파리에서 아직 학생이던 시절, 한 프랑스 친구가 체리 케이크를
직접 구워 수아레(soirée, 간단한 저녁 파티)에 들고 왔다.
그 강렬한 빨간색 체리와 목이 끈적하도록 달콤한 맛이라니! 모두가 탄성을 질렀다.
물론 나는 그때 체리 케이크를 처음 먹어보았다. 요즘은 동생이 제주에서
직접 농사지은 블루베리를 보내주면 당시의 체리 케이크를 응용한
블루베리 베이크를 굽는다. 구울 때마다 그날의 체리 케이크가 떠오른다.

Ready (6인분)

블루베리 300g, 설탕 약 1컵, 버터 1/2컵, 달걀 4개, 박력분 2컵, 아몬드 가루 2큰술,
소금 1/2작은술, 베이킹파우더 2작은술, 레몬즙 1큰술, 바닐라 에센스 1작은술(생략 가능),
슈거 파우더 약간
타르트 틀(지름 22cm)

Cooking

1   씻어 물기를 뺀 블루베리에 설탕 3큰술을 뿌려둔다. 냉동 블루베리는 흐
    르는 물에 씻어 물기를 뺀 후 설탕을 뿌린다.

2   버터 1/2컵을 170℃ 오븐에 3~4분간 녹인다.

3   볼에 달걀을 넣어 풀고 박력분과 설탕 1/2컵, ②의 버터, 아몬드 가루, 소
    금, 베이킹파우더를 체에 함께 내려 레몬즙과 바닐라 에센스를 넣고 골
    고루 섞는다.

4   오븐용 타르트 틀에 녹은 버터를 붓이나 숟가락으로 골고루 바르고, 반
    죽의 반을 부은 후 ①의 블루베리를 살살 펴가며 담고 나머지 반죽을 위
    에 부어 실온에 15분 정도 둔다.

5   180℃로 예열한 오븐에서 ④를 50분 정도 굽는다. 표면에 황금빛이 돌면
    꺼내 슈거 파우더를 살살 뿌린다.

Hint 냉동 블루베리는 녹지 않은 상태로 반죽에 넣어 구우면 물기가 나와서 질어지니 주의한다.

홈메이드 애플파이

[🌡 180℃ | 🕐 40min]

사과가 흔한 가을, 명절에 사과 박스가 들어오면 사과를 신선할 때 다 먹기 위해
애플파이를 만든다. 넉넉히 구워 주변에 나눠주면 참 좋은 선물이 된다.

Ready

사과(중간 크기) 5~6개, 설탕 2큰술, 밀가루 적당량, 시나몬 가루 약간
파이(35×25cm) 반죽(중력분 1컵, 무염 버터 100g, 소금 약간, 얼음물 1/4컵)
시럽(설탕·물 1/2컵씩)

Cooking

1 사과는 껍질을 벗겨 웨지 모양으로 8~10등분해 설탕 2큰술을 고루 뿌린
   다. 이렇게 하면 갈변을 막을 수 있고 단맛도 더해진다.

2 중력분은 체에 내리고, 버터는 깍두기처럼 자른다. 볼에 중력분과 버터,
   소금을 넣고 살살 뭉친 후 얼음물을 조금씩 넣어가며 반죽을 완성한다.
   볼에 랩을 씌워 30분 이상 냉장고에서 휴지한다.

3 냄비에 물과 설탕을 1/2컵씩 넣고 약한 불에서 젓지 않고 그대로 녹여 시
   럽을 만든다.

4 도마 위에 밀가루를 살짝 뿌리고 ②의 반죽을 올려 네모 형태로 만든다.

5 반죽 표면에 밀가루를 조금 뿌리고 밀대로 밀어가며 두께 0.3~0.4cm의
   직사각 형태를 잡는다.

6 오븐 트레이에 종이 포일을 깔고 밀가루를 뿌린 후 ⑤의 반죽을 올린다. 반
   죽 위에 사과를 가지런히 올리고 시럽을 사과와 반죽 위에 고르게 바른다.

7 180℃로 예열한 오븐에 40분 정도 구워 황금빛이 나면 꺼내서 시럽을 바
   르고 시나몬 가루을 뿌려 낸다.

Hint 사워크림이나 바닐라 아이스크림과 함께 곁들이면 최고의 디저트다. 냉장고에서 휴지하면
     파이가 더욱 바삭해진다.

사과는 너무 얇은 것보다
약간 도톰한 것이 먹음직스럽다.

반죽은 반듯한 네모보다
자연스러운 형태로 만들어 손맛을 내면
홈메이드 파이의 정다운 맛이 난다.

시럽을 발라 구우면 달콤한 맛과 함께
예쁜 갈색빛이 난다.

바나나가 들어간 비트 케이크

[🌡 180℃ | 🕐 50min]

우리 집에서는 비트 케이크나 당근 케이크를 달지 않게 만들어
그릭 요구르트나 사워크림을 곁들여 아침 식사로 자주 먹는다.
든든하고, 영양소도 골고루 섭취할 수 있다. 전날 구워두면 아침 시간이 여유롭다.

Ready

비트(중간 크기)·바나나 1개씩, 박력분 200g, 달걀 3개, 실온 버터 100g, 설탕 80~100g
(기호에 따라 조절), 아몬드 파우더 50g, 드라이 이스트(또는 베이킹파우더) 2작은술(6g),
소금 1/2작은술, 슈거 파우더 약간
빵틀(가로세로 22×10cm 또는 지름 22cm)

Cooking

1   비트는 껍질을 벗기고 채칼로 곱게 채 친다.

2   볼에 달걀을 넣어 풀고 박력분을 체에 내린다. 실온 버터, 설탕, 아몬드
    파우더, 드라이 이스트, 소금을 볼에 넣어 골고루 섞은 후 채 친 비트를
    섞어 15분 정도 둔다.

3   직사각형 빵틀에 버터를 살짝 바르고 반죽한 재료를 천천히 붓는다.

4   바나나를 길이로 반 갈라 마주 보게 올리면 반죽 안에서 자연스럽게 자
    리를 잡는다.

5   180℃로 예열한 오븐에 50분 정도 구운 후 식혀서 자른다.

6   슈거 파우더를 뿌려 낸다.

레몬 주키니 파운드케이크

[🌡️ 170℃ | 🕐 40~50min]

주키니도 당근이나 비트처럼 채 쳐서 케이크를 구우면 훌륭한 아침,
그리고 간식이 된다. 레몬을 넣으면 상큼한 맛이 주키니와 잘 어우러진다.
냉장고에 남은 초리소나 프로슈토가 있으면 함께 넣어도 좋다.
짭짤하게 씹히는 맛이 입맛을 돋운다.

Ready

주키니(중간 크기) 1개, 레몬 1개(레몬즙·레몬 제스트 2큰술씩), 초리소 7~8개, 버터 110g,
설탕 3큰술, 달걀 3개, 박력분 150g, 아몬드 가루 100g, 이스트 3g(또는 베이킹 파우더 4g),
소금 1/2작은술
케이크 틀(22×10cm)

Cooking

1 레몬은 굵은소금으로 문지르며 깨끗이 씻은 후 필러로 껍질을 얇게 벗겨
   서 채 쳐 제스트를 만든다.

2 주키니는 채칼로 곱게 채 썰어 ①에서 남긴 레몬 과육의 즙을 뿌려 살살
   섞은 후 15분 정도 둔다.

3 초리소는 주키니와 비슷한 크기로 채 썬다.

4 버터 110g을 실온에 두어 부드럽게 하거나 오븐에 잠깐 녹인 후 거품기로 저
   어 부드럽게 한다. 녹인 버터에 설탕, 달걀을 차례로 넣어가며 계속 섞는다.

5 박력분을 체에 내리고, 아몬드 가루, 이스트, 소금을 섞어 ④에 넣는다.

6 ②의 주키니 채를 한 줌만 남겨두고 ⑤에 섞어 반죽을 완성한다.

7 케이크 틀에 숟가락이나 나이프로 버터를 고루 바른 후(덜 날카로운 나
   이프나 숟가락 뒷면을 이용해도 된다) 틀에 반죽을 살살 부어가며 초리
   소를 중간중간 넣는다.

8 맨 위에 따로 남겨둔 주키니 채를 예쁘게 올리고 170℃로 예열한 오븐에
   45~50분 정도 황금빛이 나게 굽는다.

9 틀에서 꺼내 식힌 후 잘라서 낸다.

Hint 바나나가 들어간 비트 케이크와 마찬가지로 사워크림이나 요구르트를 곁들이면 맛있다. 틀을
      바닥에 탁 치면 틀에서 케이크가 쉽게 빠진다.

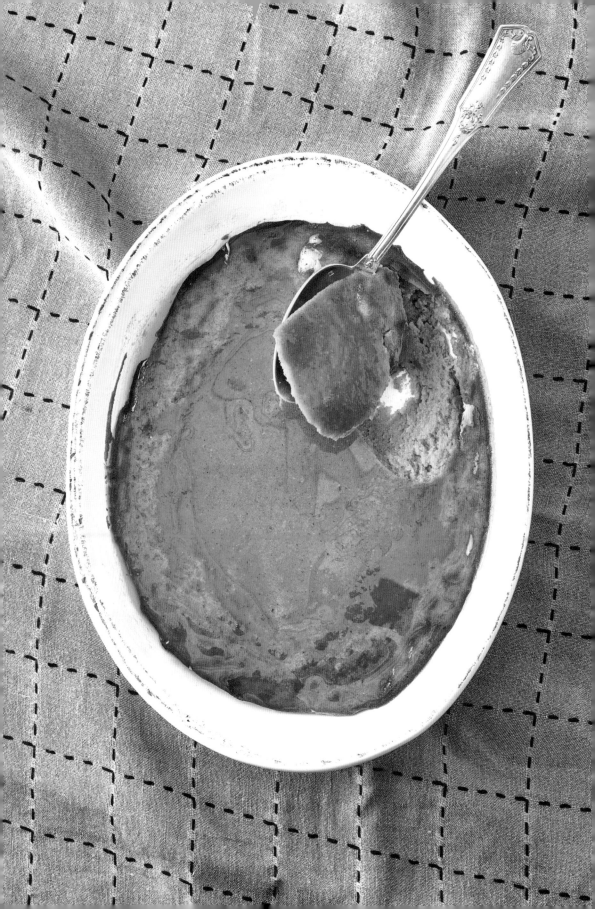

부드럽다, 단호박 커스터드

[🌡 180℃ | ⏱ 30~40min + 40min]

프랑스에는 호박이나 단호박의 종류가 다양하고 이를 이용한 디저트도 다채롭다.
단호박 커스터드는 타르트 반죽이 필요 없어 손쉽게 만들 수 있다.
밀가루 대신 아몬드 가루를 넣으면 고소한 맛과 부드러운 질감을 즐길 수 있다.

Ready (4~6인분)
단호박 1개, 아몬드 가루·설탕 1/2컵씩, 우유 2컵, 달걀 3개, 바닐라 에센스·시나몬 가루
1작은술씩, 버터 약간

Cooking

1 단호박을 4등분해 씨를 제거한 뒤 냄비에 찌거나 180℃로 예열한 오븐에
   30~40분 구워낸다.

2 단호박이 익으면 숟가락으로 속을 파서 아몬드 가루, 설탕, 우유, 달걀,
   바닐라 에센스, 시나몬 가루를 섞어 15~20분간 둔다.

3 오븐 그릇이나 타르트 그릇 바닥에 버터를 바르고 ②의 반죽을 천천히
   붓는다.

4 스패출러로 표면을 편편하게 펴서 180℃로 예열한 오븐에 40분 정도 굽
   는다.

5 표면에 황금빛이 나면 꺼내 식혀서 낸다.

Hint 반죽이 살짝 묽은 듯해야 구웠을 때 부드럽다. 반죽이 되직하면 우유나 생크림을 조금 더 넣는다.

시골풍 배구이

[🌡 170℃ | ⏱ 50~60min]

프랑스에서는 사과를 깎아 속을 파고 버터와 설탕을 넣어
오븐에 통째로 굽는 음식이 있다. 이를 응용해 배를 구웠더니 맛도 좋고
시나몬 가루 덕분인지 우리나라 배숙처럼 감기 기운이 있을 때 효과가 있었다.
배는 사과보다 크기 때문에 반으로 잘라 굽는다.

Ready
배 2개, 버터·설탕 4작은술씩, 잣 적당량, 시나몬 가루 약간

Cooking

1 배는 껍질을 깎아 가로로 반을 자른다.

2 씨 부위를 동그랗게 파내고, 그 자리에 버터 4큰술과 동량의 설탕을 채
   운다. 배 윗면에 버터를 살짝 바른다.

3 170℃로 예열한 오븐에 50~60분간 서서히 구운 후 시나몬 가루와 잣을
   뿌려 낸다.

Index

Info. 책에 수록된 상품의 판매처

문화통상 1588-8278 비노 아미쿠스 02-574-0988 장바티스트 아 드 베 02-515-9556 페들라 031-975-3186

나의 프랑스식 오븐 요리

초판 1쇄 발행 2020년 12월 23일
초판 7쇄 발행 2023년 5월 10일

지은이   이선혜

펴낸곳   브.레드
책임 편집   이나래
편집   허원
교정·교열   전남희
사진   스튜디오 일오 이과용
그림   이선혜
디자인   아트퍼블리케이션 디자인 고흐
마케팅   김태정
인쇄   (주)상지사 P&B

출판 신고 2017년 6월 8일 제2017-000113호
주소 서울시 중구 퇴계로 41길 39 703호
전화 02-6242-9516 ㅣ 팩스 02-6280-9517 ㅣ 이메일 breadbook.info@gmail.com

b.read   브.레드는 라이프스타일 출판사입니다. 생활, 미식, 공간, 환경, 여가 등
          개인의 일상을 살피고 삶을 풍요롭게 하는 이야기를 담습니다.